新材料固体物理学

主编：魏永星
参编：靳长清　扈　琳　南瑞华
李晓娟　许　岗　高　玲
刘翠霞

燕山大学出版社
·秦皇岛·

图书在版编目(CIP)数据

新材料固体物理学 / 魏永星主编. -- 秦皇岛 : 燕山大学出版社, 2025. 6. -- ISBN 978-7-5761-0852-1
Ⅰ. 048
中国国家版本馆 CIP 数据核字第 2025V0V854 号

新材料固体物理学
XIN CAILIAO GUTI WULI XUE

魏永星 主编

出 版 人:	陈　玉		
责任编辑:	孙志强	**策划编辑**:	孙志强
责任印制:	吴　波	**封面设计**:	刘韦希
出版发行:	燕山大学出版社	**电　　话**:	0335-8387555
地　　址:	河北省秦皇岛市河北大街西段 438 号	**邮政编码**:	066004
印　　刷:	涿州市般润文化传播有限公司	**经　　销**:	全国新华书店
开　　本:	787 mm×1092 mm　1/16	**印　　张**:	10. 25
版　　次:	2025 年 6 月第 1 版	**印　　次**:	2025 年 6 月第 1 次印刷
书　　号:	ISBN 978-7-5761-0852-1	**字　　数**:	212 千字
定　　价:	49. 00 元		

前言

固体物理学作为凝聚态物理学中最大的分支，研究的对象是固体，特别是原子排列具有周期性结构的晶体。固体物理学的基本任务是从微观上解释固体材料的宏观物理性质，主要理论基础是非相对论性的量子力学，主要方法是应用薛定谔方程来描述固体物质的电子态，并使用布洛赫波函数表达晶体周期性势场中的电子态。在此基础上，发展了固体的能带论，预言了半导体的存在，并且为晶体管的制造提供理论基础。固体物理学是高校物理学院、材料学院、光电学院、电信学院开设的一门专业基础核心课。

我从 2014 年 12 月进入高校以来，已从事材料学科固体物理学教学工作多年。多年来，一直有编纂材料学科专属的固体物理学教材的想法。但一方面，因为被科研工作所累，分身乏术；另一方面，本人实在不够努力，执行能力实在不够强。近年来，随着高校对教改工作的重视，本人终于决定沉下心来，完成夙愿。

编纂教材之前，市面上已经有多本优秀的固体物理学教材，例如美国物理学家 C. 基泰尔主编的《固体物理导论》、我国著名的半导体物理学家黄昆主编的《固体物理学》、哈尔滨工业大学吴代鸣教授主编的《固体物理基础》，以及北京大学闫守胜教授主编的《固体物理基础》等。有前人的珠玉在前，我为什么还要编纂这本教材呢？

一方面，我希望这本书能最大可能地适应材料领域对人才的要求。目前，物理学科的发展已足够完备，但材料领域相关的很多科学问题尚未厘清。同时，我国的卡脖子技术，大面积集中在了材料领域。培养高水平材料领域人才，是高校教师的责任和义务。因此，在编纂这本教材过程中，我做了几点尝试：一是尽量多地提供和材料相关的数据、表格和图片；二是更加重视材料物理性能与晶体结构、键合的关系；三是引入了一些近几年前沿材料领域物理性能研究相关案例；四是尽量少地引入一些烦琐的数学推导或者难懂的物理理论。

另一方面，我希望编纂的教材能尽量反映大师们解决科学问题的过程。任何一门学科，都是在解决科学问题的过程中建立的。在固体物理学科尚未建立之前，也存在诸多无法解决的科学问题。例如：

固体内部的原子是如何排布的？如何确定固体的原子排布？

为什么自然界大多数固体都有晶态的形式存在，驱动力是什么？结合方式又是什么？

为什么金属晶体和非金属晶体表现出不同的力学性质、电学性质和光学性质？

为什么采用经典理论无法解释固体热容在甚低温度下的行为？

为什么采用 Drude 模型，得到的金属热导率比实验值差了两个数量级？

为什么金属的电导率随温度上升而下降，而半导体的电导率随温度上升而上升？

正是在布拉菲、菲德罗夫、熊夫利斯、劳厄、布拉格父子、埃瓦尔德、鲍林、德拜、爱因斯坦、玻恩、卡尔曼、索末菲、布洛赫等一大批优秀的科学家艰苦卓绝的努力下，才解决了上述困扰很久的科学问题，推动了科学和技术的发展.我希望，我编纂的这本教材，能够尽可能地展现科学家解决上述科学问题的过程，启发学生发现科学问题、认识科学问题，培养学生解决科学问题的能力。

由于本人学识所限，教材出现错误或不当之处在所难免，诚恳希望读者及时联系指出。

魏永星

2025 年 1 月于西安工业大学

目录

第 1 章　晶体结构 …… 1
1.1　晶体、非晶体和准晶体 …… 1
课外扩展 1　准晶体的发展 …… 3
课外扩展 2　垄断全球的中国 KBBF 晶体材料 …… 6
1.2　晶体结构的表示及几种典型晶体结构 …… 7
1.3　宏观对称操作及点群 …… 17
1.4　晶系和布拉菲格子 …… 21
1.5　倒格子 …… 24
1.6　X 射线衍射:材料晶体结构的表征 …… 27
课外扩展 3　劳厄方程和布拉格衍射公式 …… 29
1.7　特定晶体结构的 X 射线衍射谱 …… 31
1.8　采用 Diamond 软件模拟特定材料的晶胞和 XRD 图谱 …… 34
习题 …… 38

第 2 章　固体的结合 …… 41
2.1　固体的结合能 …… 41
课外扩展 4　鲍林与化学键理论 …… 42
2.2　离子性结合 …… 43
2.3　共价性结合 …… 46
2.4　金属性结合 …… 53
2.5　范德瓦耳斯结合与氢键结合 …… 55
习题 …… 58

第3章　晶格振动 …… 59
3.1　一维单原子链的晶格振动 …… 59
课外扩展5　晶格振动理论的建立过程 …… 63
3.2　一维双原子链的晶格振动 …… 67
3.3　三维晶格振动 …… 70
课外扩展6　黄昆——根深叶茂常青树 …… 73
3.4　布里渊区 …… 75
课外扩展7　“两弹一星”元勋程开甲院士迎来百岁生日：报国何止一甲子 …… 77
3.5　晶格振动谱 …… 84
3.6　声子及晶格振动谱的测定 …… 89
3.7　晶格振动模式密度 …… 92
3.8　晶体的热容 …… 95
3.9　非谐近似 …… 99
习题 …… 103

第4章　自由电子气理论 …… 105
4.1　经典自由电子气模型（Drude 模型） …… 105
4.2　量子力学框架下的电子气理论 …… 108
4.3　电子的热容 …… 111
4.4　金属的电输运特性 …… 118
4.5　金属的导热性 …… 121
4.6　金属在磁场中的运动 …… 121
4.7　自由电子气理论的局限性 …… 123
习题 …… 124

第5章　能带理论 …… 125
5.1　布洛赫定理 …… 125
5.2　一维电子运动的近自由电子近似 …… 128
5.3　三维电子运动的近自由电子近似 …… 136
5.4　紧束缚近似 …… 142
5.5　布洛赫电子的准经典运动 …… 146
5.6　导体、半导体和绝缘体 …… 149
习题 …… 154

第1章　晶体结构

晶体结构决定着材料的物理性质及服役性能。掌握晶体结构的相关知识，是认识材料物理性能的基础。本章主要讲述晶体结构的表示方法、宏观对称操作及晶体结构基础知识，希望材料类学生在《材料科学基础》的晶体结构知识背景下，更深入地理解材料的晶体结构。通过引入倒格子、劳厄方程、布拉格衍射方程和消光规律，深入讲解 X 射线图谱与晶体结构的关系，使学生掌握 X 射线表征材料晶体结构的方法，并通过 X 射线图谱，解析简单材料的晶体结构。特别地，本章还讲述了四方结构在 X 射线图谱上表现出的特征，为学生解析更复杂晶体结构材料打下基础。

1.1　晶体、非晶体和准晶体

1.1.1　晶体

晶体是原子在三维空间呈周期性重复排列的固体，具有长程有序性。晶体的分布非常广泛，自然界的固体物质中，绝大多数是晶体。气体、液体和非晶物质在一定条件下也可以转变成晶体。晶体一般具有如下几个物理特征。

(1) 从宏观上看，晶体都有特定的形状，如食盐呈立方体；冰呈六角棱柱体；明矾呈八面体等。这主要是由于晶体的周期性排列，在生长过程中往往具有择优取向。

(2) 晶体拥有固定的熔点，在熔化过程中，温度始终保持不变。

(3) 晶体有各向异性的特点。这主要是因为，晶体在各个晶面的排布方式存在不同。

晶体可分为单晶体(见图 1-1)和多晶体。在单晶体中，晶格结构在空间中具有完整、连续且有序的排列。而多晶体则由取向不同的许多单晶粒组成，单晶粒之间由晶界(见图 1-2)隔开。由于晶粒取向的不同、晶粒尺寸效应和晶界的存在，多晶体往往表现出和单晶体不同的性质。以典型铁电材料钛酸钡为例，钛酸钡单晶可表现出比钛酸钡陶瓷(多晶体)更大的剩余极化强度和更高的压电常数。

图 1-1　自然生长的 NaCl 晶体、实验室制备的 Bi 人工晶体和 $LiNbO_3$ 人工晶体

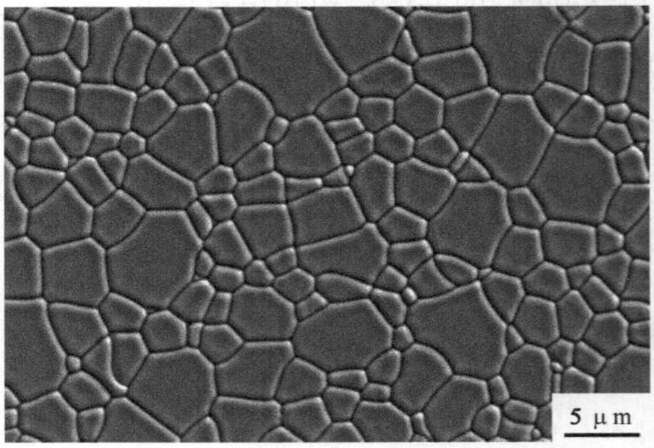

图 1-2　由多个晶粒组成的铽铝石榴石磁光陶瓷的微观形貌

1.1.2　非晶体

非晶体(见图 1-3)是指原子不呈空间有规则周期性排列的固体。非晶体通常表现出如下特点。

(1) 它没有一定规则的外形,如玻璃、松香、石蜡、塑料等。

(2) 它的物理性质在各个方向上是相同的,即“各向同性”。这主要是由于原子没有周期性排列,不存在原子分布密度的择优性,各个方向的统计情况一致。

(3) 它没有固定的熔点,所以有人把非晶体叫作“过冷液体”或“流动性很小的液体”。

随着研究的深入,科研工作者发现非晶体可表现出特殊的物理性质。例如,金属非晶体比一般金属的强度高、弹性好、硬度和韧性高、抗腐蚀性好、磁导率强、电阻率高等。

图 1-3　非晶体的空间排布及生活中的非晶体

1.1.3　准晶体

准晶体,是一种介于晶体和非晶体之间的固体。准晶体是以色列科学家在寻找一种同时具有低密度和高硬度的高强度 Al 合金时意外发现的。在准晶体的原子排列中,其结构是长程有序的,这一点和晶体相似;但是准晶体不具备平移对称性,这一点又和晶体不同。普通晶体具有的是二次、三次、四次或六次旋转对称性,但是准晶体具有其他的对称性,例如五次旋转对称性或者更高的六次以上旋转对称性(见图 1-4)。

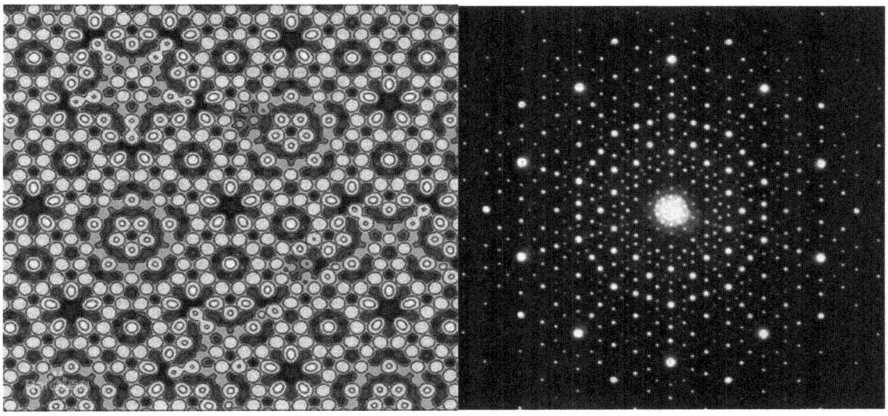

图 1-4　准晶体的原子排布及透射电镜花样

课外扩展 1　准晶体的发现

1982 年 4 月 8 日的清晨,以色列学者 Dany Shechtman(见图 1-5)通过快速降温的方式获得了一种 Al-Mn 合金材料。他就将这块材料放在电子显微镜下,想观察其晶体结构。但是,用电子显微镜观察到的图案违反了当时所有的逻辑:他看见了许多同心圆,每个同心圆都是由十个等距亮点组成(见图 1-6)。Dany Shechtman 根据晶体学知识认为,若圆周是由四个或六个点组成的还有可能，但是由十个点组成是绝对不可能的。于是他在笔记本上写下了“十重对称???”来记录他观察到的现象。随后，他还在透射电镜电子衍射花样中发现了五重对称轴。

图 1-5　在实验室中的 Dany Shechtman

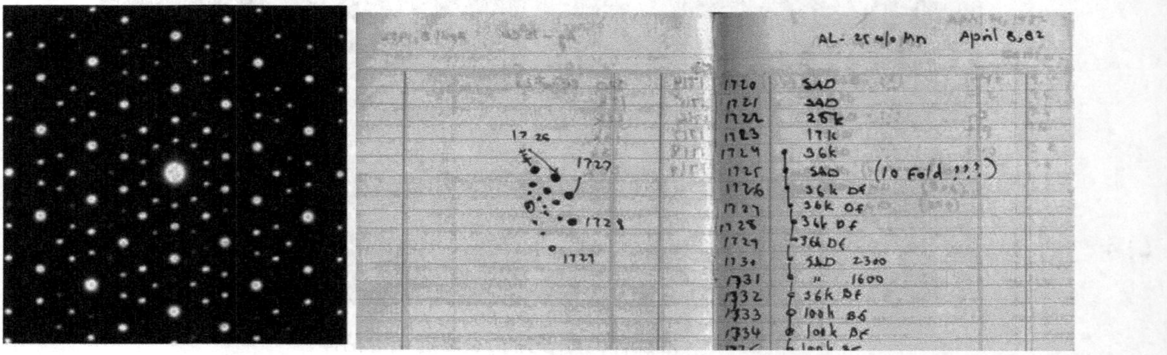

图 1-6　Dany Shechtman 获得的电子衍射花样及本人原始笔记

Dany Shechtman 将研究结果告诉了周围的同事，但却收获了同事的嘲笑。他花了很长时间尝试解释他的研究结果，但是没有人能够接受。最后，他甚至被要求离开所在的研究组，而被迫转入另外一个研究组。他的研究结果只吸引到一名专家 Ilan Blech 的支持，他们通过计算模拟出了五重对称轴，并将研究结果投递到物理领域知名期刊 *Journal of Applied Physics*，但却在没有审稿的情况下被拒稿，编辑给出的拒稿理由为“rejecting the article as not being of interest to physicists”。最终这篇文章投稿至 *Metallurgical Transac-*

tions，接收后，推迟一年才被发表。

随后，Dany Shechtman、Ilan Blech 和美国科学家 John W. Cahn、法国科学家共同将研究成果发表在物理学期刊 *Physical Review Letters*（见图 1-7）上。他们认为，获得的材料处于亚稳态。Paul Steinhardt 注意到该研究结果，并结合非周期性马赛克图案排列，首次提出了准晶体的概念。

Dany Shechtman 的研究工作受到了两次诺贝尔奖得主、在键价理论作出卓越贡献的著名化学家莱纳斯·卡尔·鲍林的严厉批评。他指出："Danny Shechtman is talking nonsense。There is no such thing as quasicrystals, only quasi-scientists."（Dany Shechtman 的研究毫无意义。事实上，并不存在准晶，只存在"伪科学家"。）他还在 *Nature* 期刊发表评论文章，对相关结果提出质疑。随后，数以百计的准晶体被科学家们合成出来。2009 年，科学家们在俄罗斯西部发现了带有天然准晶体的陨石，这是首次报道的天然准晶体，这块矿物由铝、铜和铁组成，具有十重对称的衍射图谱（见图 1-8）。2011 年，Dany Shechtman 以准晶体的贡献获得了诺贝尔化学奖。

VOLUME 53, NUMBER 20　　PHYSICAL REVIEW LETTERS　　12 NOVEMBER 1984

Metallic Phase with Long-Range Orientational Order and No Translational Symmetry

D. Shechtman and I. Blech
Department of Materials Engineering, Israel Institute of Technology–Technion, 3200 Haifa, Israel

and

D. Gratias
Centre d'Etudes de Chimie Métallurgique, Centre National de la Recherche Scientifique, F-94400 Vitry, France

and

J. W. Cahn
Center for Materials Science, National Bureau of Standards, Gaithersburg, Maryland 20760
(Received 9 October 1984)

We have observed a metallic solid (Al–14-at.%-Mn) with long-range orientational order, but with icosahedral point group symmetry, which is inconsistent with lattice translations. Its diffraction spots are as sharp as those of crystals but cannot be indexed to any Bravais lattice. The solid is metastable and forms from the melt by a first-order transition.

PACS numbers: 61.50.Em, 61.55.Hg, 64.70.Ew

图 1-7　Dany Shechtman 发表在 *Physical Review Letters* 期刊的论文首页

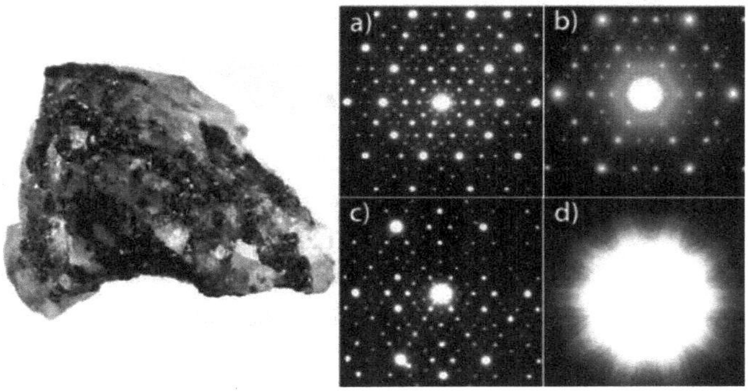

图 1-8　天然准晶体及透射电子衍射花样

课外扩展2　垄断全球的中国 KBBF 晶体材料

（选自澎湃新闻，有改动）

光学领域里，有一种材料叫作“KBBF 晶体”，全称叫氟代硼铍酸钾晶体，是已知唯一一种可以直接倍频产生深紫外激光的非线性光学晶体。简单来说，只有通过它，才能将普通的激光转化为 176 nm 深紫外波长的激光，从而制造出用于科研、生产和国防的各种深紫外固体激光器。

1995 年，我国率先制成了这种晶体。这一研究，整整领先了美国 15 年！彼时，中国并没有选择独自拥有这一成果，而是向全世界开放提供这一技术。直到 2009 年，我国才意识到这一晶体的战略意义，从而全面停止了这一晶体技术的对外出口。鲜为人知的是，该单晶的发明来自一位年迈老人——陈创天（见图 1-9）。

陈创天，北大的高材生，年少励志报国。1965 年，28 岁的陈创天开始着手非线性光学材料研究，此时中国在这一领域已被世界远远甩在身后，之后在近 20 年的艰苦岁月中，他默默坚守、默默研究，很少人知道陈创天是谁。

1983 年，陈创天团队的发现让激光界为之震惊。一个月拿 86 块钱的科学家靠一块叫 BBO 的晶体帮中国抢占了世界 80%的市场。六年后 KBBF 晶体诞生，真正称霸世界。那时候一块晶体难求，能卖到几万美元一枚。2009 年 KBBF 被限制出口，这是中国人在高科技领域历史上第一次对美国说“不”。有人出天价向陈创天购买，他的回答简单爽快“不卖”；美国随后开出天价年薪挖他，他的回答干净而利落“不去”。多年后美国 KBBF 晶体研制成功，但陈创天的团队已经在研发新材料 LSBO 的路上走了很远了（见图 1-10）。

图 1-9　中国科学院院士陈创天

NATURE|Vol 457|19 February 2009 NEWS FEATURE

China's crystal cache

A Chinese laboratory is the only source of a valuable crystal. David Cyranoski investigates why it won't share its supplies.

One of Daniel Dessau's prized possessions is a small crystal of potassium beryllium fluoroborate (KBBF). Dessau, a solid-state physicist at the University of Colorado at Boulder, uses the crystal to convert the light of a US$100,000 laser into a deep ultraviolet, a good wavelength for studying the surface of superconductors. But because the laser light gradually degrades the crystal, Dessau has to save it for special projects. "It is a beautiful crystal," he says. "It would really move the field forward — if people could get it."

But Dessau can't get any more of it. Nor can Peter Johnson, a condensed-matter physicist at Brookhaven National Laboratory in Upton, New York, who was once promised it by Chuangtian Chen, the Chinese physicist who runs the only laboratory that knows how to make the crystals. And nor can any of a host of other solid-state physicists outside China. "There has been a limited release," says Johnson. "I don't know the politics behind it."

In fact, the politics is simple. The Chinese government is squeezing the crystal for every bit of academic and, eventually, commercial potential it can yield. In October 2008, the finance ministry sidestepped traditional scientific funding channels and started throwing 180 million renminbi (US$26 million) at a three-year national project to find better ways to produce and use KBBF. China has selected a handful of groups to work with Chen's crystal, including teams studying the newest type of superconductor, called pnictides.

China's monopoly of this crystal is no fluke. At a time when materials scientists and solid-state physicists elsewhere are seeing a lack of investment, their counterparts in China are surging ahead in a wide range of materials research for much the same reasons as they did with KBBF. The nation has accumulated a great depth of crystal-growing know-how over the past three decades; it has steadfast government support; and its scientists are willing to subsume themselves in a large team effort and take on the often thankless, sometimes dangerous and always tedious trial-and-error task of synthesizing new materials. "Many great discoveries in this field come from putting things together and getting the temperature and timing just right," says Christos Panagopoulos, a materials researcher at Nanyang Technological University in Singapore. The discovery process "doesn't require genius", he says.

"You need a lot of equipment and you need to move slowly." — Chuangtian Chen

KBBF's ability to shorten the wavelength, and thereby boost the frequency, of laser light is an example of 'nonlinear' optics, a field that first blossomed in the 1960s as lasers became more widespread in laboratories. Under ordinary circumstances, light passing through water, glass or any other material will perturb the atoms only slightly, so that they vibrate in sync with the light wave. As a result, light can be reflected, refracted, scattered and absorbed ad infinitum without its frequency being affected. Nonlinear effects are evident only when the light is so intense that the vibrations it causes compete with the binding forces on the atoms. When highly perturbed, as in the case of high-intensity lasers, the atoms can absorb the energy of the incoming light and re-emit the light with a frequency that is double, triple or even some higher multiple of the original. A variety of materials have been discovered that can boost laser light to frequencies that the lasers alone cannot produce, and each has a set of signature frequencies that it can achieve.

China might easily have fallen behind in this field, as it did in so many others. Just as nonlinear optics started coming into its own, China was caught up in the Cultural Revolution, a particularly dark period starting in the mid-1960s when many academics were criticized as being elitist or impractical and sent to do farm work for 're-education'.

But Chen, now a spritely 71-year-old at the Technical Institute of Physics and Chemistry

J. RIORDAN

953

图 1-10 国际期刊 *Nature* 对中国限制 KBBF 晶体的报道

1.2 晶体结构的表示及几种典型晶体结构

1.2.1 原胞、晶胞和基矢量

在晶体中,内部原子在空间作三维周期性的规则排列。任一三维晶体总是可以看成由平行六面体组成的周期性重复单元。对于二维晶体,重复单元则一般为平行四边形。描述重复单元的矢量,称之为基矢量。基矢量的选取,通常都不是唯一的。如图 1-11 所示,由于描述二维晶体重复单元的平行四边形有多种取法,所以可以选取不同的基矢量来描述。

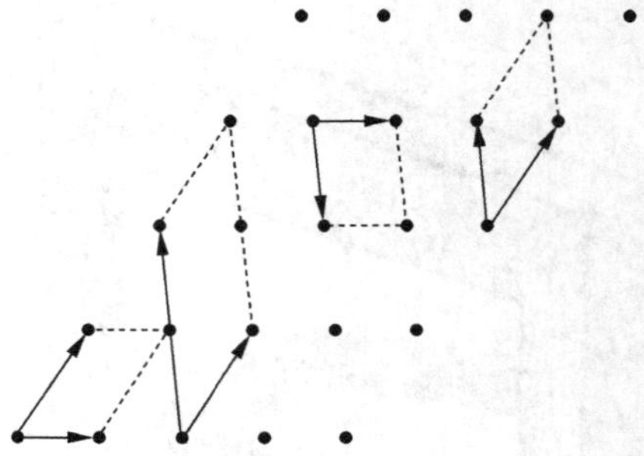

图 1-11　晶胞基矢量选取的非唯一性

原胞,也称之为物理学原胞或初基原胞,是晶体中最小的重复单元。晶胞,也称之为结晶学原胞或单胞,为反映晶体的对称性,常取最小重复单元的几倍作为重复单元。需要指出的是,原胞和晶胞均反映晶体的周期性(见图 1-12)。在某些情况下,晶胞是可以和原胞重合的(见图 1-13)。

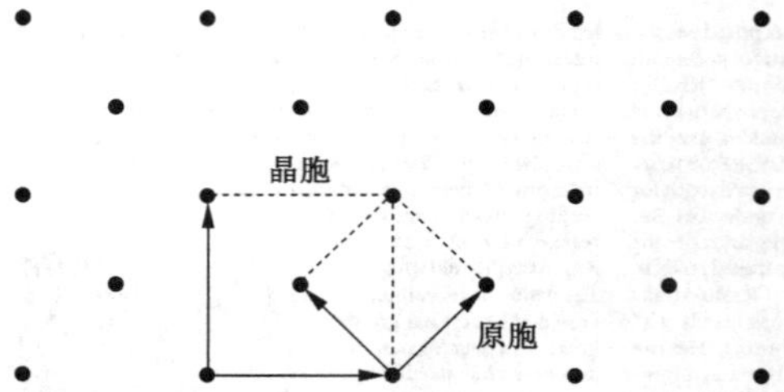

图 1-12　晶胞和原胞示意图

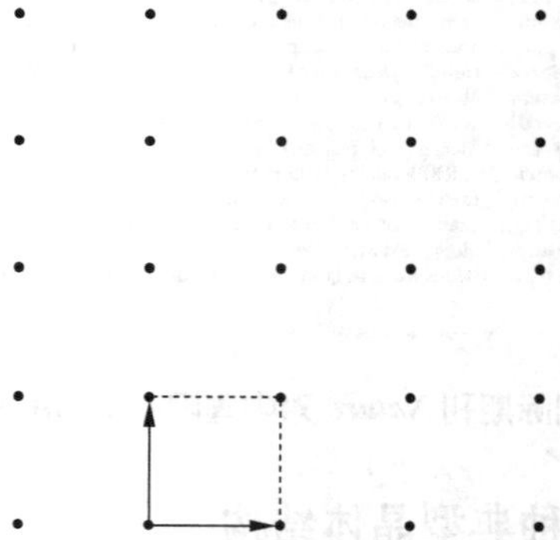

图 1-13　原胞选取和晶胞重合的情况

1.2.2　简单格子

对于简单格子,晶格中只有一种原子,原胞中仅包含一个原子。所有原子的几何位置是等价的。

简单立方晶格　简单立方晶格(见图 1-14)的基矢量可以表示为

$$\boldsymbol{a}_1 = a\boldsymbol{i}$$
$$\boldsymbol{a}_2 = a\boldsymbol{j}$$
$$\boldsymbol{a}_3 = a\boldsymbol{k}$$

在简单立方晶格中，一个晶胞内含1个原子，这个原子所在位置的晶体坐标为(0,0,0)。在简单立方晶胞中，每个原子的配位数均为6。简单立方结构中相对密排的面是(100)面，密排方向是[001]，原子半径 $r=a/2$。简单立方晶格的原胞和晶胞重合，原胞的基矢量取法和晶胞一致。在元素周期表中，仅有金属Po具有简单立方结构。

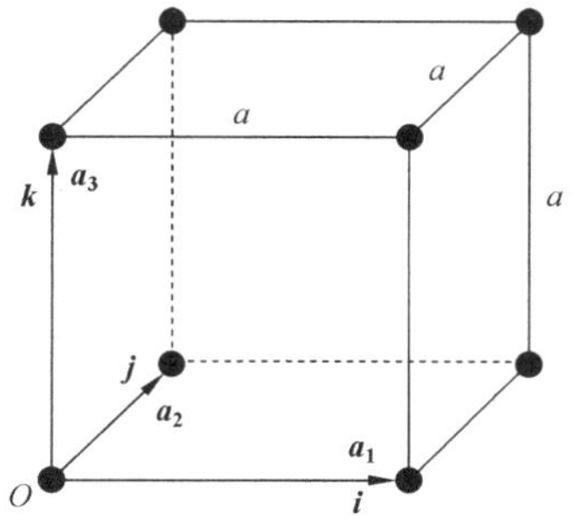

图1-14 简单立方晶格结构示意图

面心立方晶格 在面心立方晶格(见图1-15)中，晶胞的基矢量取法和简单立方晶格一致。对于面心立方晶胞，顶点上的8个原子各占晶胞的1/8，面心位置的6个原子各占晶胞的1/2，晶胞中包含4个原子。原子位置可表示为(0,0,0)，(0.5,0.5,0)，(0.5,0,0.5)和(0,0.5,0.5)。面心立方格子为密排晶格，密排面(111)按照ABCABC的方式堆垛(见图1-16)而成。在面心立方晶格中，每个原子的配位数均为12。位于面对角线上的三个原子相切，根据几何关系可得到面心立方结构原子半径为 $r=\dfrac{\sqrt{2}a}{4}$。由三个相邻的面对角线组成的(111)面，原子排列最为紧密。因此，面心立方晶格的密排面为(111)面。每个顶点上的原子可与相邻位置面心位置的原子构成正四面体。属于面心立方晶格的金属有Cu、Ag、Au、Al等。

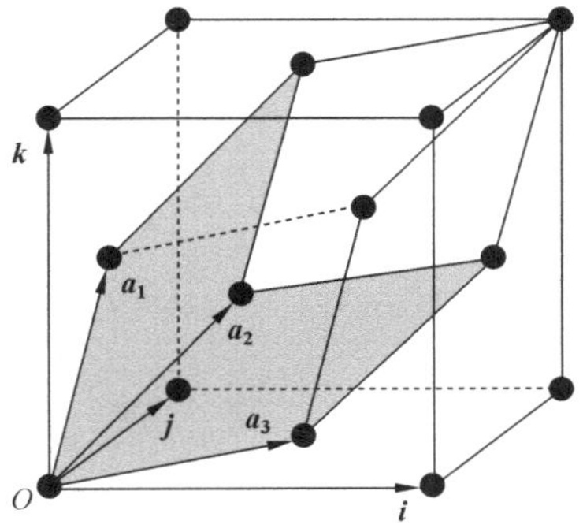

图1-15 面心立方晶格示意图

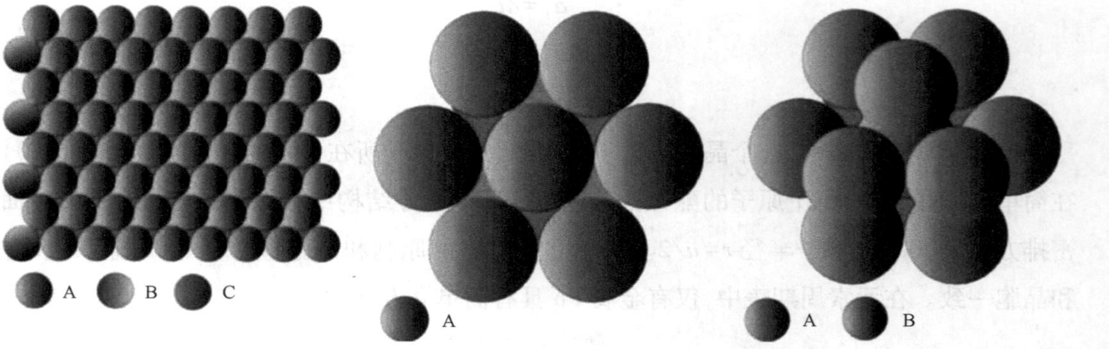

图 1-16　密排堆垛方式示意图

面心立方原胞和晶胞取法不同，原胞体积为晶胞体积的 1/4，原胞中仅包含 1 个原子。原胞的基矢量表示为

$$\boldsymbol{a}_1=\frac{a}{2}(\boldsymbol{i}+\boldsymbol{j})$$

$$\boldsymbol{a}_2=\frac{a}{2}(\boldsymbol{j}+\boldsymbol{k})$$

$$\boldsymbol{a}_3=\frac{a}{2}(\boldsymbol{i}+\boldsymbol{k})$$

体心立方晶格　在体心立方晶格（见图 1-17）中，晶胞基矢量选取和简单立方一致。对于体心立方晶格，顶点上的 8 个原子各占晶胞的 1/8，加上体心位置 1 个原子，晶胞中包含 2 个原子。原子位置可以表示（0，0，0）和（0.5，0.5，0.5）。在体心立方晶胞中，每个原子的配位数均为 8。位于体对角线上的三个原子相切，根据几何关系可得到体心立方结构原子半径为 $r=\frac{\sqrt{3}a}{4}$。体心立方的密排面为（110）。每个顶点上的原子可与相邻位置面心位置的原子构成正四面体。通过简单计算得知，体心立方 A 层原子球之间的间距为 $0.31r$，属于体心立方格子的金属有 Li、Na、K、Rb、Cs、Fe 等。

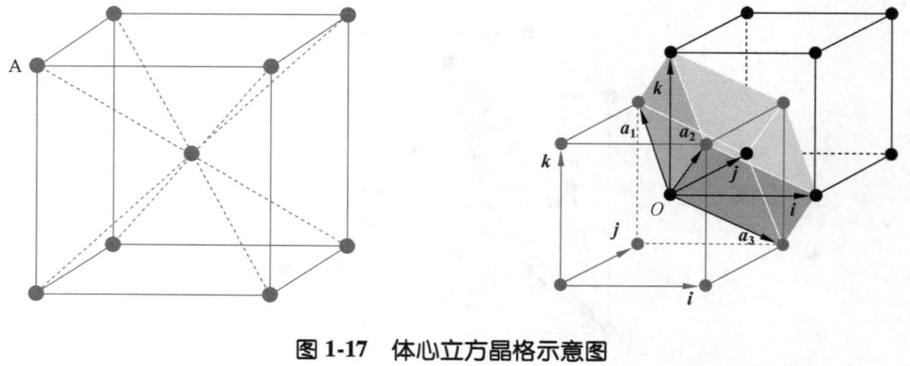

图 1-17　体心立方晶格示意图

体心立方原胞和晶胞取法不同，原胞体积为晶胞体积 1/2，原胞中仅包含 1 个原子。原

胞的基矢量表示为

$$\boldsymbol{a}_1=\frac{a}{2}(-\boldsymbol{i}+\boldsymbol{j}+\boldsymbol{k})$$

$$\boldsymbol{a}_2=\frac{a}{2}(\boldsymbol{i}-\boldsymbol{j}+\boldsymbol{k})$$

$$\boldsymbol{a}_3=\frac{a}{2}(\boldsymbol{i}+\boldsymbol{j}-\boldsymbol{k})$$

1.2.3　复式格子

复式格子中，原胞中包含两种或两种以上的等价原子。复式格子分为两种，一种是不同原子或离子形成的晶体，如 NaCl、CsCl、ZnS 等；另一种是相同原子但是几何位置不等价的原子构成的晶体，如具有金刚石结构的 C、Si、Ge 以及密排六方结构的 Be、Mg、Zn 等。不同等价原子各自构成相同的简单格子（子晶格），复式格子由它们的子晶格套构而成。

密排六方　密排六方格子为密排晶格，密排面按照 ABAB 的方式堆垛而成。密排六方格子可看成两个六方格子的套构（见图 1-18）。上下平面顶点上的 12 个原子各占晶胞的 1/6，加上 B 层的 3 个原子，晶胞中包含 6 个原子。每个原子的配位数均为 12。无论是 A 层还是 B 层，每个原子均为周围 6 个原子相切。原子的半径和晶格常数具有简单的数学关系 $r=a/2$。B 层中的原子和 A 层中 3 个原子相切，构成了正四面体。通过简单计算可知，密排六方晶胞晶格常数 $c/a=1.633$。属于密排立方格子的金属有 Be、Mg、Zn、Cd 等。

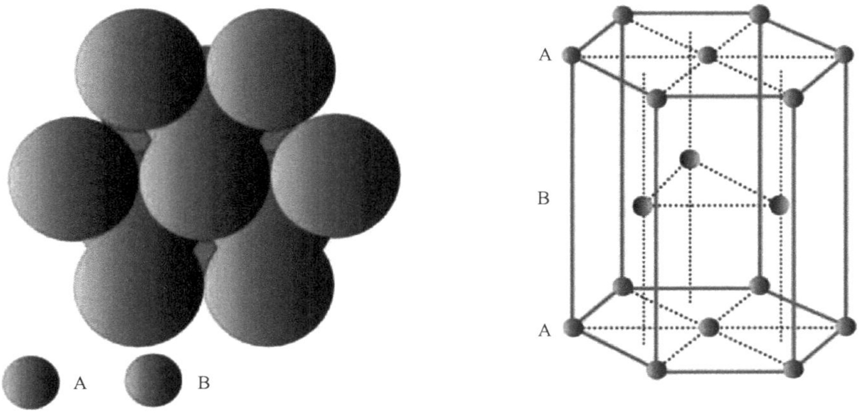

图 1-18　密排六方结构示意图

对于密排六方结构，原胞为平行六面体，占密排六方晶胞的 1/3。原胞中包含的原子数为 2。

表 1-1 给出了简单立方、体心立方、面心立方和密排六方的基本特征。

表 1-1　简单立方、体心立方、面心立方和密排六方的基本特征

	简单立方	体心立方	面心立方	密排六方
晶胞原子数	1	2	4	6
a、r 关系	$r=a/2$	$4r=\sqrt{3}a$	$4r=\sqrt{2}a$	$2r=a$
最近邻原子数目	6	8	12	12
最近邻原子距离	a	$\sqrt{3}a/2$	$\sqrt{2}a/2$	a
次近邻原子数目	12	6	6	
次近邻原子距离	$\sqrt{2}a$	a	a	
致密度	$\pi/6$	$\sqrt{3}\pi/8$	$\sqrt{2}\pi/6$	$\sqrt{2}\pi/6$

金刚石结构　金刚石结构的原型是金刚石的晶体结构。在金刚石晶体(见图 1-19)中,每个碳原子的 4 个价电子与最相邻的 4 个碳原子形成共价键。这 4 个共价键之间的角度都相等,约为 109°28′,这样形成由 5 个碳原子构成的正四面体结构单元,其中 4 个碳原子位于正四面体的顶点,1 个碳原子位于正四面体的中心。金刚石结构可看成是由两个面心立方结构沿体对角线 1/4 的套构。在金刚石晶胞中,顶点上的 8 个原子各占晶胞的 1/8,面心位置的 6 个原子各占晶胞的 1/2,加上内部的 4 个原子,晶胞的原子总数为 8。每个碳原子的配位数均为 4。原子位置可表示为(0,0,0),(0.5,0.5,0),(0.5,0,0.5),(0,0.5,0.5),(0.25,0.25,0.25),(0.75,0.75,0.25),(0.25,0.75,0.75)和(0.75,0.25,0.75)。顶点上的原子和体对角线上的原子相切,这两个原子的半径之和为体对角线的 1/4,因此,原子半径和晶格常数的关系为 $r=\sqrt{3}a/2$。C、Si、Ge、Sn 均具有金刚石结构,其晶格常数随电子层数的增大而增大,具体如表 1-2 所示。

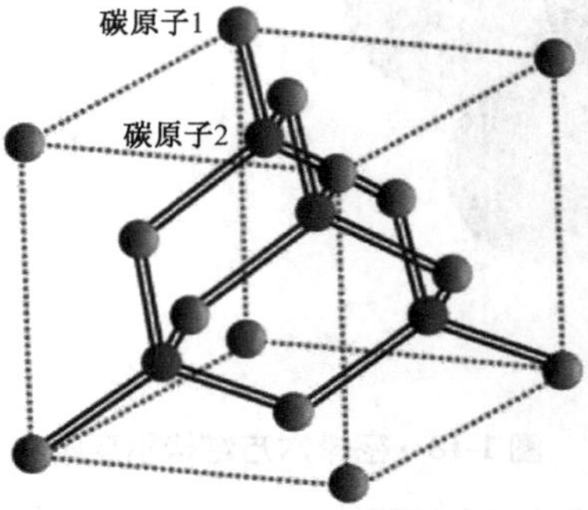

图 1-19　金刚石结构示意图

表 1-2　常见具有金刚石结构的晶体晶格常数

晶体	a/Å
C	3.567
Si	5.430
Ge	5.658
Sn	6.490

NaCl 结构　NaCl 结构可看作由面心立方结构的 Cl 和面心立方结构的 Na 沿晶轴方向 1/2 套构而成(见图 1-20)。在 NaCl 结构中，Cl 离子和 Na 离子交错排布。Cl 和 Na 的配位数均为 6。其中，Cl 离子原子位置可表示为(0,0,0)，(0.5,0.5,0)，(0.5,0,0.5)，(0,0.5,0.5)，而 Na 离子原子位置则可表示为(0.5,0,0)，(0,0.5,0)，(0,0,0.5)和(0.5,0.5,0.5)。LiH、MgO、MnO、NaCl、AgBr、PbS、KCl 和 KBr 均具有 NaCl 结构，其晶格常数由表 1-3 给出。

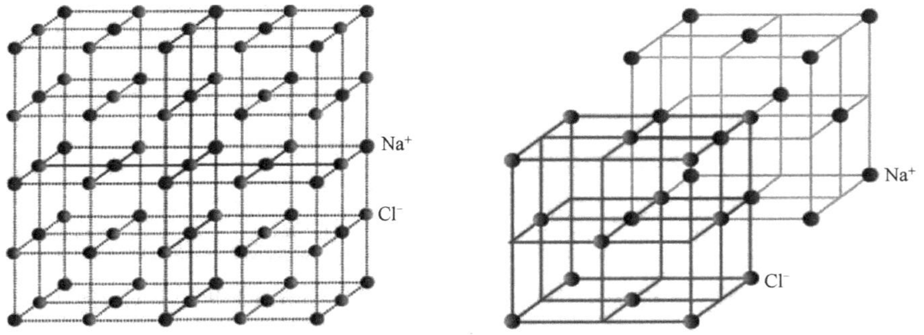

图 1-20　NaCl 结构示意图

表 1-3　常见具有 NaCl 结构的晶体晶格常数

晶体	a/Å	晶体	a/Å
LiH	4.08	AgBr	5.77
MgO	4.20	PbS	5.92
MnO	4.43	KCl	6.29
NaCl	5.63	KBr	6.59

闪锌矿结构　ZnS 室温下具有两种结构，即闪锌矿结构和纤锌矿结构。闪锌矿结构的 ZnS 可看成是由面心立方结构的 S 和面心立方结构的 Zn 沿体对角线 1/4 的套构(见图 1-21)。闪锌矿和金刚石结构具有相似之处，即套构方式相同。但是，在这两个子晶格中，闪锌矿包含的原子不同。在闪锌矿 ZnS 中，Zn 和 S 的配位数相同，均为 4。其中，Zn 的原子位置可表示为(0,0,0)，(0.5,0.5,0)，(0.5,0,0.5)和(0,0.5,0.5)，S 的原子位置可表示为(0.25,0.25,0.25)，(0.75,0.75,0.25)，(0.25,0.75,0.75)和(0.75,0.25,

0.75)。SiC、AlP、ZnSe、AlAs、ZnS、GaP、GaAs 和 InSb 均具有闪锌矿结构,其晶格常数由表 1-4 给出。

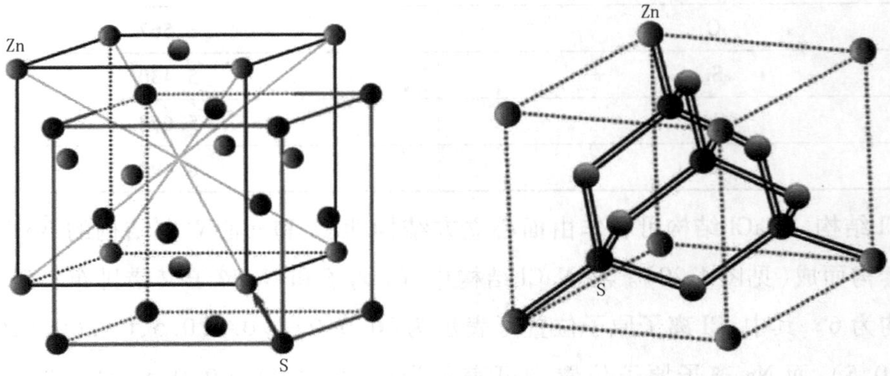

图 1-21 闪锌矿结构示意图

表 1-4 常见具有闪锌矿结构的晶体晶格常数

晶体	a/Å	晶体	a/Å
SiC	4.35	ZnS	5.41
AlP	5.45	GaP	5.45
ZnSe	5.65	GaAs	5.65
AlAs	5.66	InSb	6.46

CsCl 结构 CsCl 结构可看成是由简单立方结构的 Cl 和简单立方结构的 Cs 沿体对角线 1/2 的套构(见图 1-22)。在 CsCl 中,Cs 和 Cl 的配位数相同,均为 8。其中,Cl 的原子位置可表示为(0.5,0.5,0.5),Cs 的原子位置可表示为(0,0,0)。和体心立方不同,CsCl 结构体心位置和顶点位置原子不同,本质上属于简单立方结构。BiCu、AlNi、CuZn(β 黄铜)、CuPd、AgMg、LiHg、NH_4Cl、TlBr、CsCl 和 TlI 均具有 CsCl 结构,其晶格常数由表 1-5 给出。

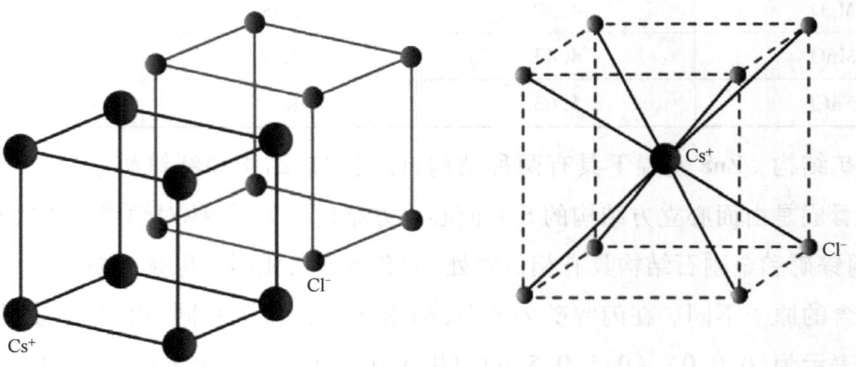

图 1-22 CsCl 晶体结构示意图

表 1-5　常见具有 CsCl 结构的晶体晶格常数

晶体	a/Å	晶体	a/Å
BiCu	2.70	LiHg	3.29
AlNi	2.88	NH_4Cl	3.87
CuZn(β 黄铜)	2.94	TlBr	3.97
CuPd	2.99	CsCl	4.11
AgMg	3.28	TlI	4.20

钙钛矿结构　钙钛矿结构是功能材料中极为重要的晶体结构。具有钙钛矿结构的功能材料,可表现出多种性质,例如,铁电压电性、热释电性、反铁磁性、铁电光伏特性等,可应用于传感器、驱动器、信息感知系统、电阻器、催化器、储能器件等。近年来,随着卤化物钙钛矿晶体的发现,钙钛矿结构的研究也愈来愈火热。钙钛矿结构取名自 $CaTiO_3$,可看作是由 1 个简单立方结构的 Ca,1 个简单立方结构的 Ti 和 3 个简单立方结构的 O 套构而成(见图 1-23)。其中,Ca 位于顶点位置(A 晶位),原子位置为(0,0,0),Ti 位于体心位置(B 晶位),原子位置为(0.5,0.5,0.5),O 位于面心位置(X 晶位),原子位置为(0.5,0.5,0),(0.5,0,0.5)和(0,0.5,0.5)。需要指出的是,上面的钙钛矿指的是狭义上的钙钛矿,具有简单立方的结构。但在实际应用中,存在四方钙钛矿结构、三方钙钛矿结构、正交钙钛矿结构和单斜钙钛矿结构。

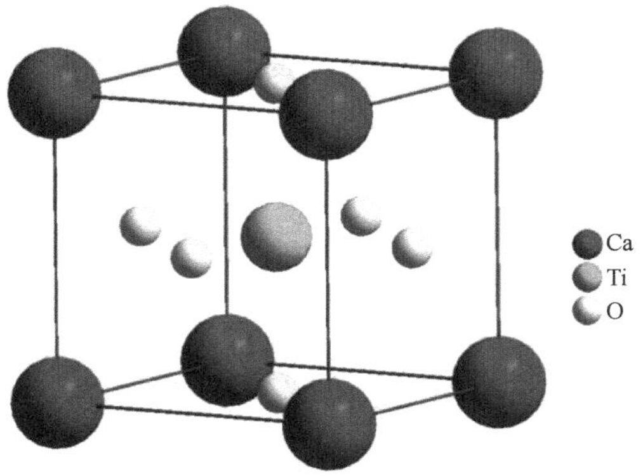

图 1-23　钙钛矿结构晶胞示意图

要形成稳定的钙钛矿结构,离子半径需满足一定比例。一般来说,可通过容忍因子 t 来衡量形成钙钛矿的难易程度。容忍因子 t 与 A 晶位离子半径 r_A,B 晶位原子半径 r_B 和 X 晶位离子半径 r_X 具有如下关系:

$$t=\frac{r_A+r_X}{\sqrt{2}(r_B+r_X)}$$

容忍因子越接近于 1,越容易形成理想钙钛矿结构。

萤石结构 CaF_2 具有典型的萤石结构，可看作是由1个面心立方结构的Ca和2个面心立方结构的F的套构(见图1-24)。在CaF_2中，Ca的配位数为8，而F的配位数则为4。其中，Ca离子占据面心立方的顶点位置和面心位置，而F离子则位于由Ca离子组成的正四面体的中心位置。和闪锌矿不同，萤石结构中由顶点离子和相邻的三个面心位置离子组成的正四面体间隙均有填充离子。

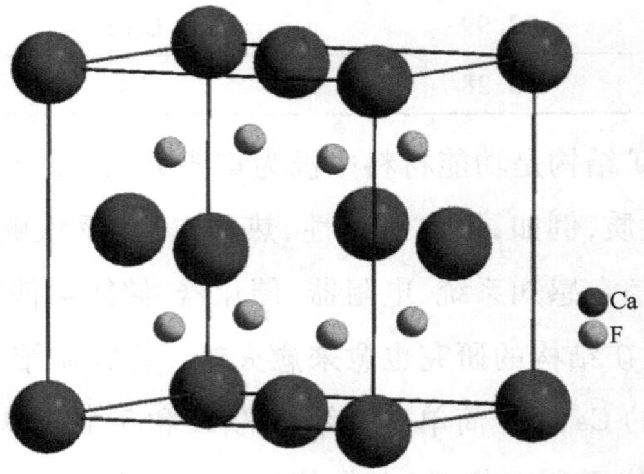

图1-24 CaF_2结构晶胞示意图

1.2.4 晶格周期性的描述——布拉菲格子

简单格子 对于简单晶格，任一原子的位置表示为

$$\boldsymbol{R}=l_1\boldsymbol{a}_1+l_2\boldsymbol{a}_2+l_3\boldsymbol{a}_3$$

式中，l_1、l_2和l_3均为整数。如图1-25所示，二维格子箭头所示原子的位置可表示为$\boldsymbol{R}=4\boldsymbol{a}_1+3\boldsymbol{a}_2$，三维格子箭头所示原子的位置可表示为$\boldsymbol{R}=3\boldsymbol{a}_1+2\boldsymbol{a}_2+3\boldsymbol{a}_3$。

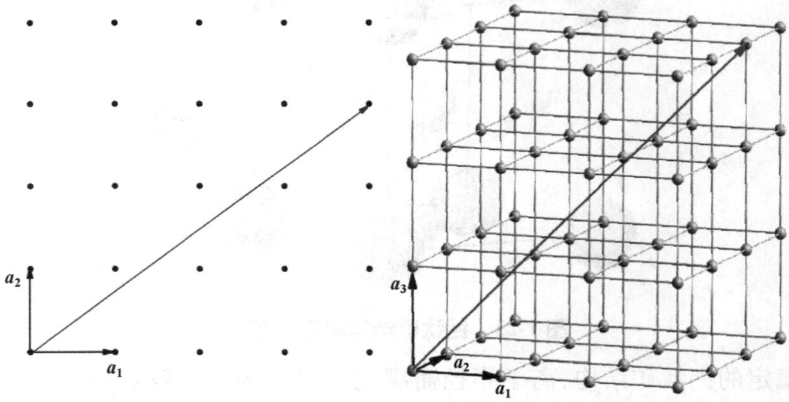

图1-25 简单格子原子位矢量

复式格子 对于复式格子，任一原子的位矢为

$$\boldsymbol{R}=\boldsymbol{r}_a+l_1\boldsymbol{a}_1+l_2\boldsymbol{a}_2+l_3\boldsymbol{a}_3$$

式中，$\boldsymbol{r}_a$代表原子相对原胞顶点的位矢量。图1-26所示为CsCl结构晶格，任一Cs原子可以表示为$\boldsymbol{R}_{Cs}=l_1\boldsymbol{a}_1+l_2\boldsymbol{a}_2+l_3\boldsymbol{a}_3$，任一Cl原子可以表示为$\boldsymbol{R}_{Cl}=l_1\boldsymbol{a}_1+l_2\boldsymbol{a}_2+l_3\boldsymbol{a}_3+1/2(\boldsymbol{a}_1+\boldsymbol{a}_2+\boldsymbol{a}_3)$。

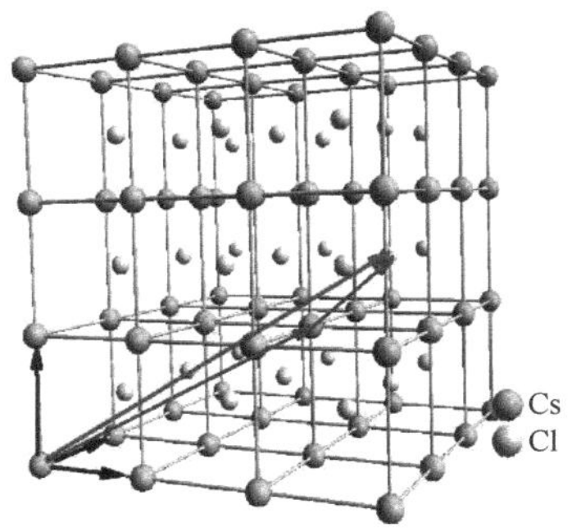

图 1-26　CsCl 结构晶格中原子的位矢量

法国物理学家奥古斯特·布拉菲提出，晶体的内部结构可以看成由一些相同的点（结点）在空间作规则的周期性的无限分布。这些周期性的重复格点称之为布拉菲格点，每个格点的位矢量都可用 $\boldsymbol{R}=l_1\boldsymbol{a}_1+l_2\boldsymbol{a}_2+l_3\boldsymbol{a}_3$ 表示。由 $\boldsymbol{R}=l_1\boldsymbol{a}_1+l_2\boldsymbol{a}_2+l_3\boldsymbol{a}_3$ 确定的空间格子称之为布拉菲格子或空间点阵。晶体可看作由布拉菲格子的每一个布拉菲格点上放置一组原子（基元）组成（见图 1-27）。基元是晶体的基本结构单元。一个基元对应一个节点。基元（结点）周围的环境相同（等效性）基元内部有结构，可以由一种或数种原子构成。

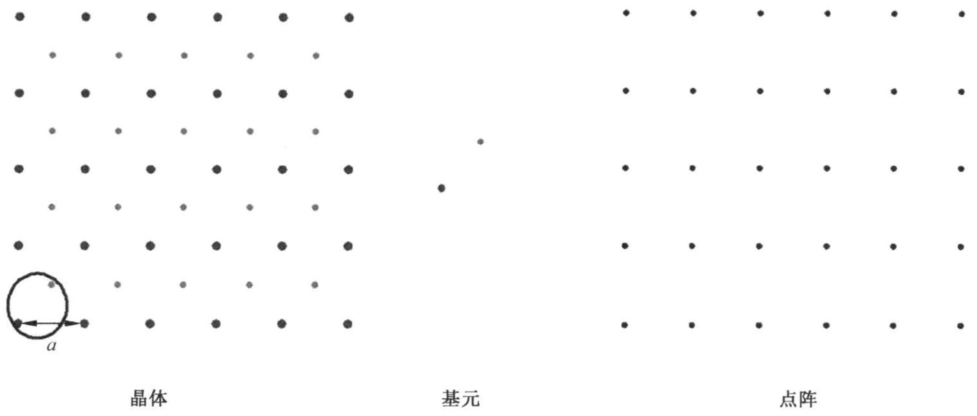

图 1-27　晶体的组成

1.3　宏观对称操作及点群

在 19 世纪，材料的表征技术十分落后，科学家们无法像现在的科研工作者采用先进精密的仪器从微观角度表征晶体结构。德国科学家赫赛尔、菲德罗夫和俄国科学家熊夫利斯依靠强大的数学和物理能力，推导出了 32 种点群和 230 种空间群的表达。他们认真钻研、不畏困难的科学态度，永远值得我们学习。

1.3.1　宏观对称操作

对称性就是物体或图像中各部分间所具有的相似性，物体以及图像的对称性可定义为经过某一不改变其中任何两点间距离的操作后能复原的性质。使物体没有变化的操作，可分为点操作和空间操作。在本课程中，只涉及点操作，即宏观对称操作。

n 重旋转轴 如果分子沿顺时针方向绕一轴旋转 $2\pi/n$ 角后能够复原，就称此操作为旋转操作，上述旋转所围绕的轴就称作 n 次旋转轴，记作 C_n。n 值只能取 1、2、3、4、6 共 5 个整数，不能取 5 或者 6 以上的整数，C_1、C_2、C_3、C_4、C_6 分别代表 1、2、3、4、6 重旋转轴（见图 1-28）。5 重旋转轴构成的图形，无法铺满纸面（见图 1-29）。因此，晶体不存在 5 重旋转轴。可通过简单几何关系，证明晶体只存在 1 重、2 重、3 重、4 重、6 重旋转轴。

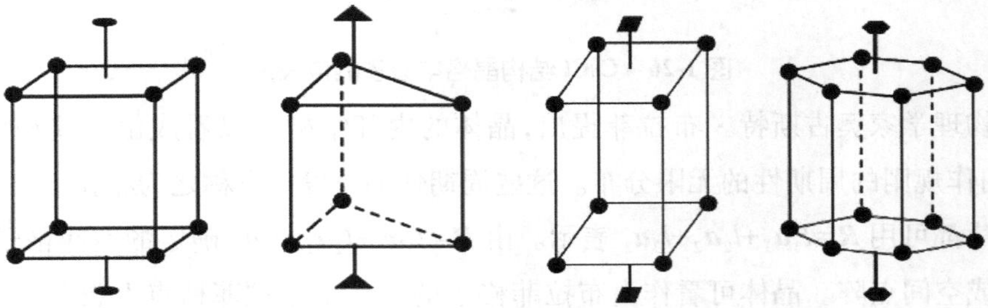

图 1-28　2 重、3 重、4 重、6 重旋转轴示意图

图 1-29　5 重旋转轴无法铺满纸面

反演操作 过几何图形中一个定点的任意直线在定点两旁等距离处总能找到对应点，该定点称之为对称中心。对应的操作称之为反演操作（见图 1-30）。

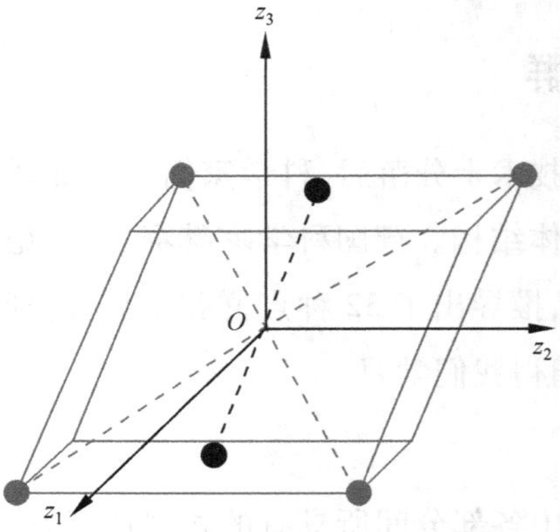

图 1-30　对称中心与反演操作

反映操作 如果分子被一平面等分为两半，任一半中的每个原子通过此平面的反映后，能在另一半（映象）中与其相同的原子重合，则称此对称分子具有一对称面，用 m 表示。据此进行的操作叫对称面反映操作，或镜面操作（见图 1-31）。

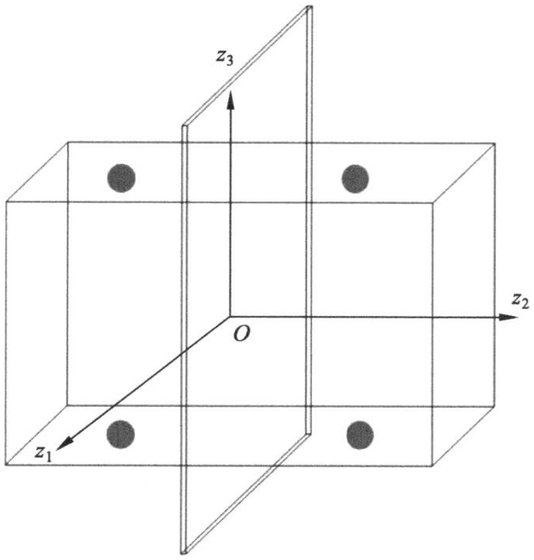

图 1-31 镜面及反映操作

n 重旋转反演操作 晶体绕某一固定轴旋转后，再经过中心反演，晶体能自身重合，则称该轴为 n 重旋转反演轴，通常以 $\bar{n}$ 来表示 n 重旋转反演轴，$\bar{n}=\bar{1}$、$\bar{2}$、$\bar{3}$、$\bar{4}$、$\bar{6}$。需要注意的是，除 4 重旋转反演操作 $\bar{4}$ 外，其他旋转反映操作均可等效成其他操作（见图 1-32）。例如，1 重旋转反演操作 $\bar{1}$ 可等效为反演操作，2 重旋转反演操作 $\bar{2}$ 可等效为反映操作，3 重旋转反演操作 $\bar{2}$ 与 3 重旋转操作与反演操作的组合等效，6 重旋转反演 $\bar{6}$ 重旋转操作与反映操作的组合等效。因此，在 n 重旋转反演操作中，只有 4 重旋转反演操作为独立操作（见图 1-33）。

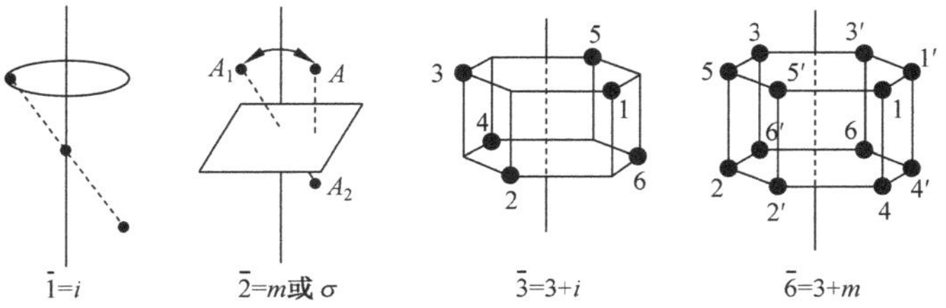

图 1-32 1 重、2 重、3 重、6 重旋转反演操作示意图

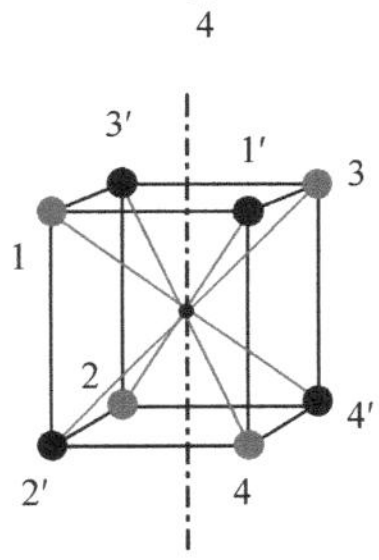

图 1-33 4 重旋转反演操作示意图

综上，独立的宏观对称操作有 8 种，包括 5 种 n 重旋转操作、反演操作、反映操作和 1 种 n 重旋转反演操作，分别是 1、2、3、4、6、i、m 和 $\bar{4}$。

1.3.2 二维空间的对称操作及点群

二维空间里，转动只有 $n=1$、2、3、4、6 重旋转轴 5 种可能，这构成了 C_1、C_2、C_3、C_4、C_6 5 种点群。添加镜面反映（其实是线反映）也各只有一种可能，D_n 这构成了 D_1、D_2、D_3、D_4、D_6 5 种点群。这样，二维点群总共 10 种。已知了二维点群，使其同平移对称性结合（有时有多于一种的方式），可以构造出二维空间群。

1.3.3 三维空间的点群

晶体中所含有的全部宏观对称元素至少交于一点（见图 1-34），这些汇聚于一点的全部对称元素的各种组合称为晶体的点群（point group），或称为对称类型。总共有 32 种点群。其中，有 11 种点群具有对称中心。而不具有对称中心的点群有 21 种。32 种点群的结果，由德国科学家赫赛尔于 1830 年推导出来。

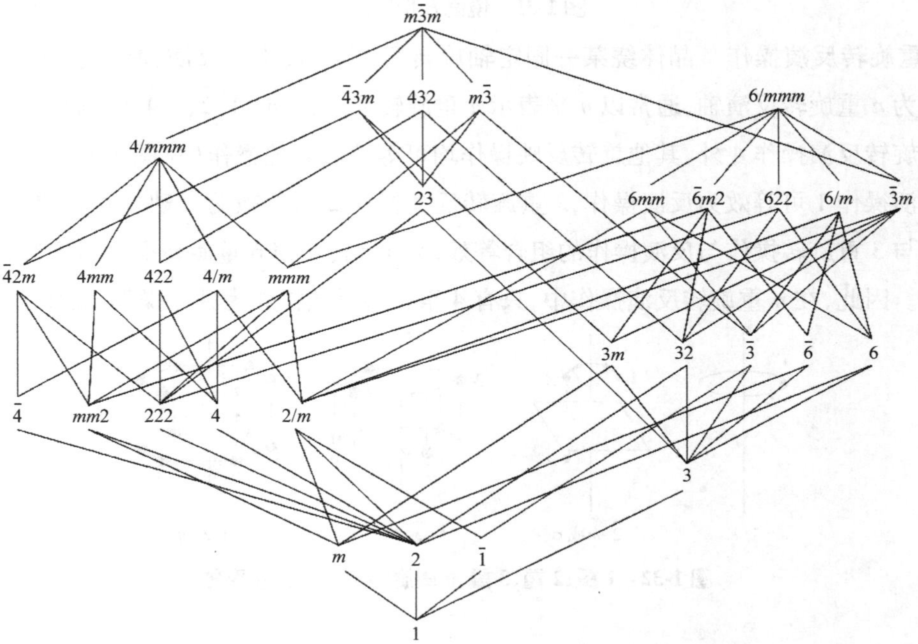

图 1-34 32 种点群的表示方法及相互关系

点群与材料的光学性质（偏振、双折射）、电学性质密切相关，见表 1-6。在 21 种不具有对称中心的点群中，有 20 种点群具有压电性。在这 20 种点群中，有 10 种为具有热释电性的点群。

表 1-6　点群及电学性质关系

<table>
<tr><td rowspan="2">不具有对称中心的点群，其中 20 种具有压电性</td><td>具有热释电性的点群</td><td>1,2,3,4,6,m,mm2,4mm,3m,6mm</td></tr>
<tr><td>不具有热释电性的点群</td><td>222,$\bar{4}$,422,$\bar{4}2m$,32,$\bar{6}$,622,$\bar{6}m2$,23,$\bar{4}3m$
432(不具有压电性)</td></tr>
<tr><td colspan="2">具有对称中心的点群</td><td>$\bar{1}$,2m,mmm,4m,4/mmm,$\bar{3}$,$\bar{3}m$,6m,6/mmm,m3m,m3</td></tr>
</table>

32 种点群与三维空间平移对称性的组合，可得到 230 种空间群（若不同手征的只算一种，是 219 种）。三维空间群由德国科学家菲德罗夫和俄国科学家熊夫利斯于 1891 年独立地列举，但各有疏漏。1892 年两人在通信中互相校正，得到了 230 种正确的列表。

1.4　晶系和布拉菲格子

1845 年，法国科学家奥古斯特·布拉菲（见图 1-35）通过空间点阵 $\boldsymbol{R}=l_1\boldsymbol{a}_1+l_2\boldsymbol{a}_2+l_3\boldsymbol{a}_3$ 的排列方式，推导出了二维空间具有 5 种空间点阵，而三维空间具有 14 种空间点阵，为了对其表示纪念，将空间点阵命名为布拉菲格子。

图 1-35　奥古斯特·布拉菲（1811—1863），法国物理学家

1.4.1　二维空间的晶系和布拉菲格子

在二维空间中，存在 4 种晶系，分别是斜方、长方、正方和六角。在这 4 种晶系中，存在 5 种布拉菲点阵，具体由表 1-7 给出。

表 1-7 二维晶格的晶系和布拉菲点阵

晶系	晶格常数	面积	布拉菲点阵	
			初基矢(P)	带心(C)
简单斜方	$a\neq b$ $\theta\neq 90°$	$ab\sin\theta$	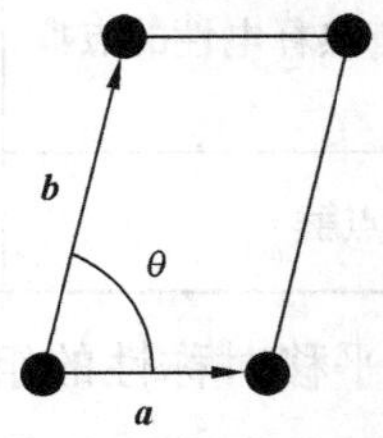	
长方	$a\neq b$ $\theta=90°$	ab	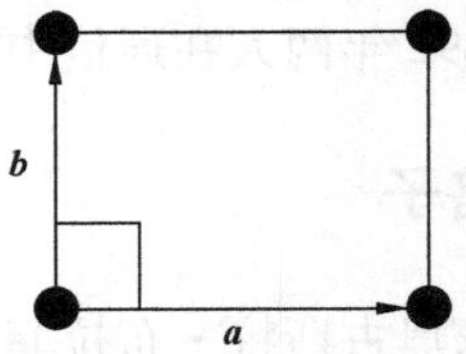	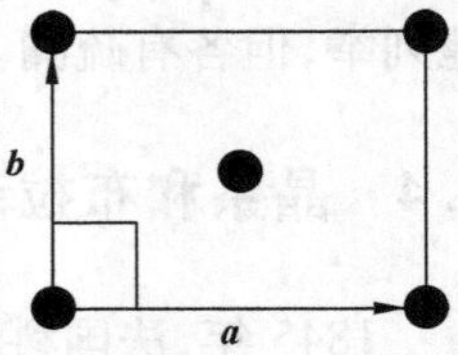
简单正方	$a=b$ $\theta=90°$	a^2	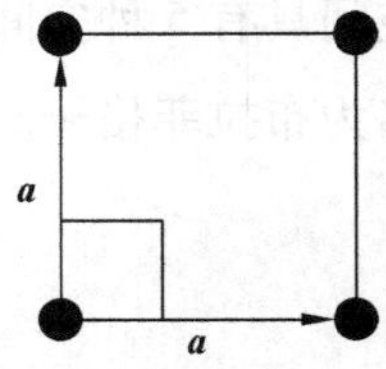	
简单六角	$a=b$ $\theta=120°$	$\frac{\sqrt{3}}{2}a^2$	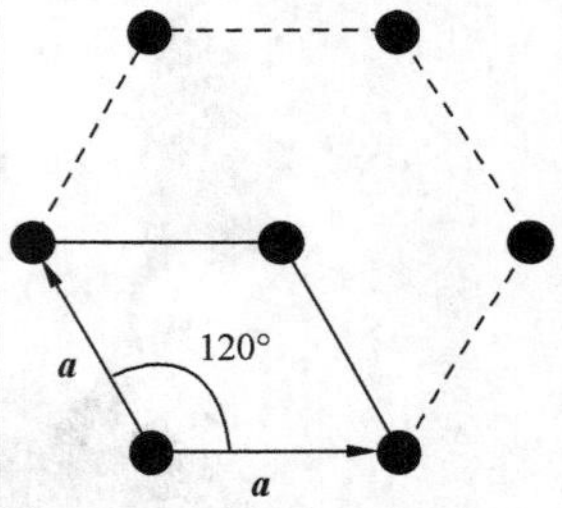	

1.4.2 三维空间的晶系和布拉菲格子

在三维空间中,存在 7 种晶系,分别是三斜(a)、单斜(m)、正交(o)、四方(t)、六方(h)、三方(r)和立方(c)。在这 7 种晶系中,存在 14 种布拉菲点阵,具体由表 1-8 给出。

材料的晶体结构会随着温度、压力和电场的变化而变化。例如,对于金属 Fe,在 912 ℃以下,铁原子排列成体心立方晶格(α-铁);在 912~1 394 ℃之间,铁原子排列成为面心立方晶格(γ-铁);在 1 394 ℃以上,铁原子又重新排列成体心立方晶格(β-铁)。对于典型铁电材料 $BaTiO_3$,温度降低过程中,存在由立方结构、四方结构、正交结构到三方结构的变化。在结构变化过程中,$BaTiO_3$ 的介电性质、铁电性质和压电性质可发生剧烈的变化。

表 1-8 三维晶格的晶系和布拉菲点阵

晶系	晶格常数	布拉菲格子			
		初基矢(P)	底心(S)	体心(I)	面心(F)
三斜 (a)	$a\neq b\neq c$ $\alpha\neq\beta\neq\gamma\neq 90°$	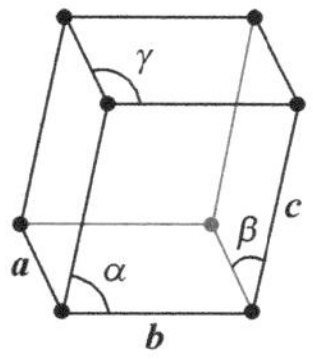			
单斜 (m)	$a\neq b\neq c$ $\alpha=\gamma=90°$ $\beta\neq 90°$	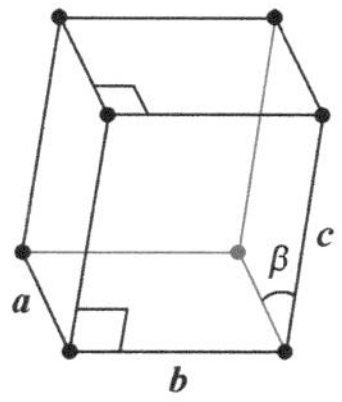	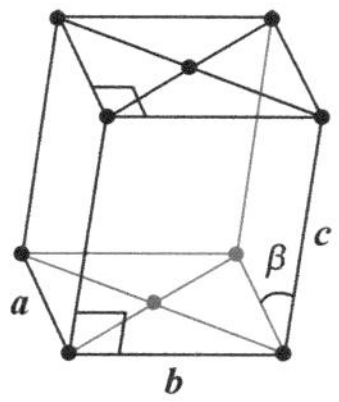		
正交 (o)	$a\neq b\neq c$ $\alpha=\beta=\gamma=90°$	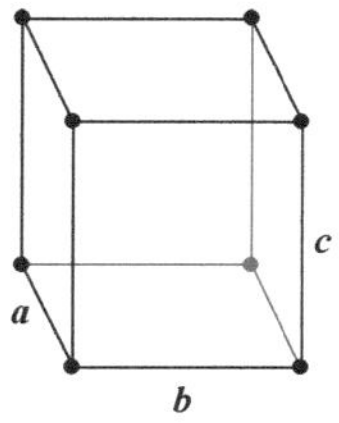	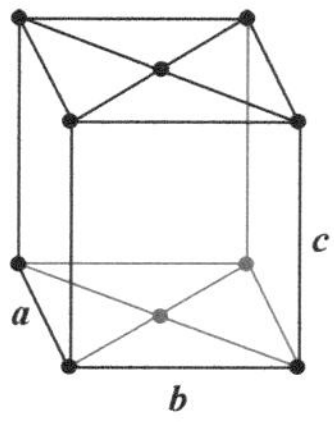	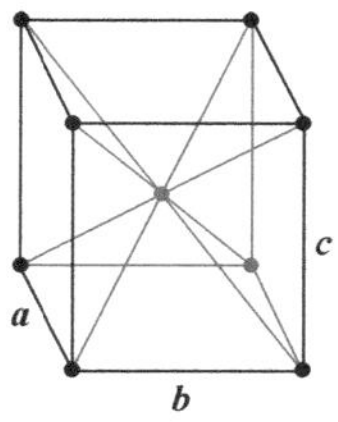	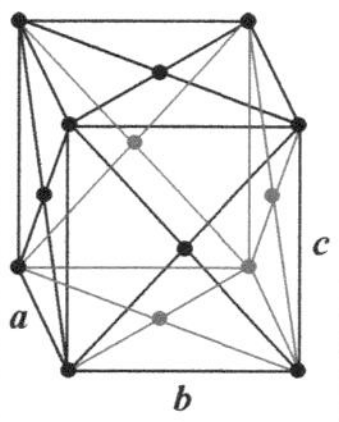
四方 (t)	$a=b\neq c$ $\alpha=\beta=\gamma=90°$	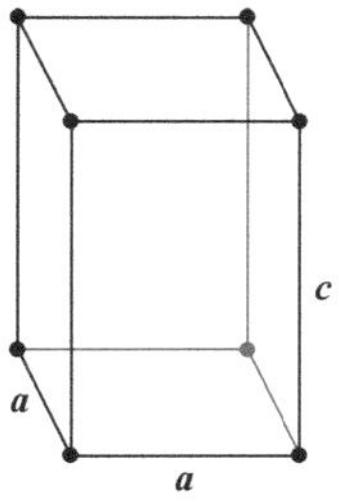		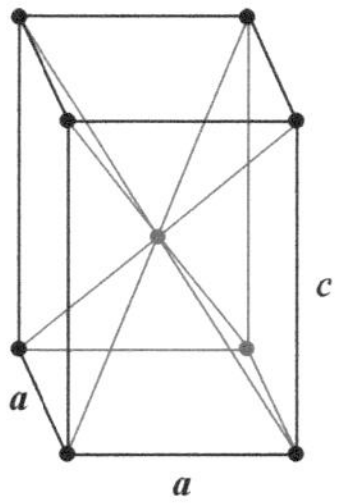	
三方 (r)	$a=b=c$ $\alpha=\beta=\gamma\neq 90°$	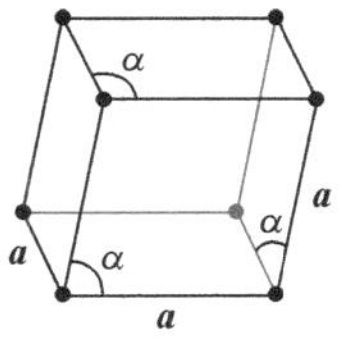			
六方 (h)	$a=b\neq c$ $\alpha=\gamma=90°$ $\beta=120°$	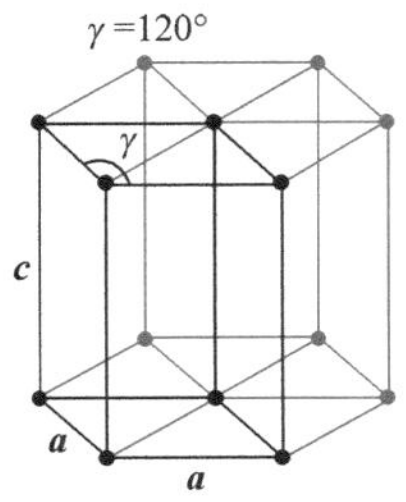			

续表 1-8

晶系	晶格常数	布拉菲格子			
		初基矢(P)	底心(S)	体心(I)	面心(F)
立方(c)	$a=b=c$ $\alpha=\beta=\gamma=90°$	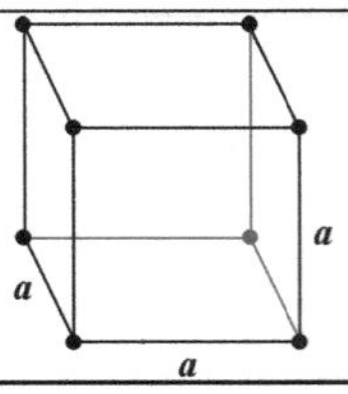		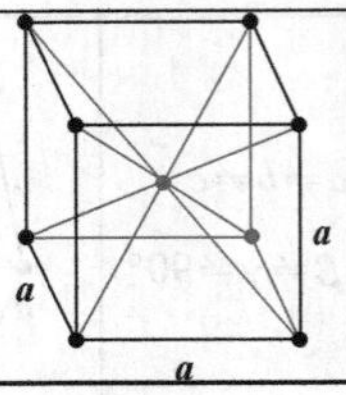	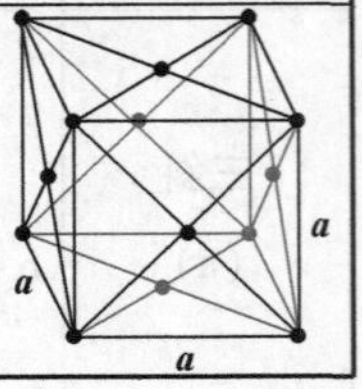

1.5 倒格子

晶体结构的周期性必然导致倒格子的产生。倒格子在分析 X 射线衍射、电子衍射花样、晶格振动和电子的运动中,具有独特的优势。由倒格子确定的空间称之为倒易空间(k 空间)。1912 年,德国科学家 Ewald 在分析 X 射线衍射数据时首次引入了倒格子的概念。1930 年,布里渊在处理晶格振动问题时,引入了倒格子,并提出可将晶格波矢限定在周期性的倒格子区域,即布里渊区。

1.5.1 倒格子的导出

由于布拉菲格子具有周期性,必然导致物理性质的空间平移对称性,即对空间中某个位置进行平移操作(见图 1-36),平移矢量可表示成 $\boldsymbol{R}_n=n_1\boldsymbol{a}_1+n_2\boldsymbol{a}_2+n_3\boldsymbol{a}_3$($n_1$、$n_2$、$n_3$ 为整数),物理性质保持不变,即 $f(\boldsymbol{r})=f(\boldsymbol{r}+\boldsymbol{R}_n)$。

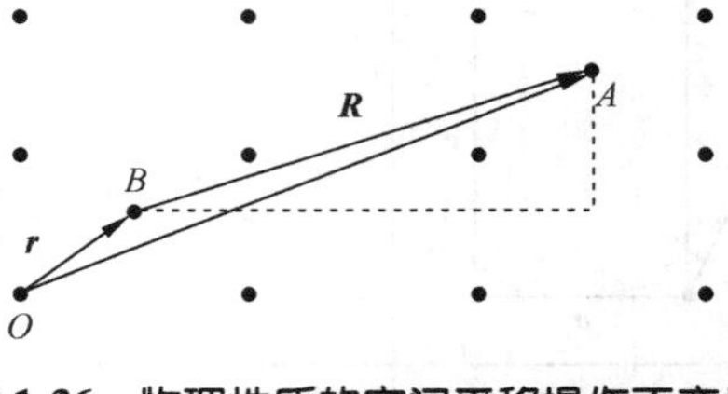

图 1-36 物理性质的空间平移操作不变性

此时,$f(\boldsymbol{r})$ 与 $f(\boldsymbol{r}+\boldsymbol{R}_n)$ 均可用傅里叶级数表示,即

$$f(\boldsymbol{r})=\sum_{G_m}A(\boldsymbol{G}_m)\mathrm{e}^{\mathrm{i}\boldsymbol{G}_m\cdot\boldsymbol{r}}$$

$$f(\boldsymbol{r}+\boldsymbol{R})=\sum_{G_m}A(\boldsymbol{G}_m)\mathrm{e}^{\mathrm{i}\boldsymbol{G}_m\cdot(\boldsymbol{r}+\boldsymbol{R}_n)}$$

当且仅当矢量 $\boldsymbol{G}_m$ 与平移操作矢量 $\boldsymbol{G}_n$ 满足如下关系时,有

$$\boldsymbol{G}_m\cdot\boldsymbol{G}_n=2\pi N\text{(}N\text{ 为整数)}$$

成立。$\boldsymbol{G}_m$ 可表示成矢量的形式,$\boldsymbol{G}_m=m_1\boldsymbol{b}_1+m_2\boldsymbol{b}_2+m_3\boldsymbol{b}_3$($m_1$、$m_2$、$m_3$ 为整数),基矢量 $\boldsymbol{a}_i$ 和 $\boldsymbol{b}_j$ 满足

$$\boldsymbol{a}_i\cdot\boldsymbol{b}_j=2\pi\delta_{ij}$$

将 $\boldsymbol{G}_m$ 称之为倒格矢,由倒格矢确定了一系列具有周期性的格点(见图 1-37),称之为倒格子,倒格子单位为长度的倒数。

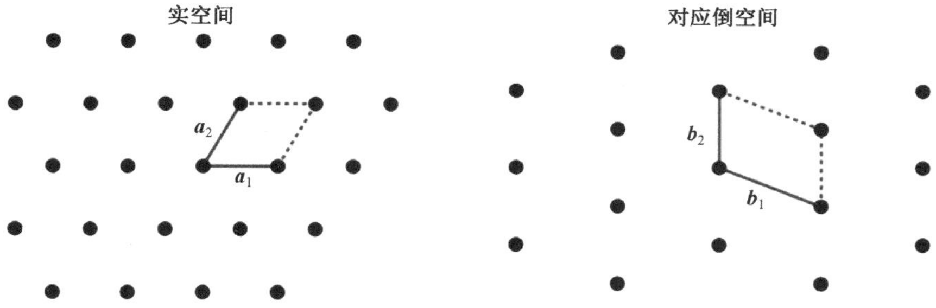

图 1-37 实空间布拉菲格子和对应倒空间格点的周期性

1.5.2 二维空间的倒格子

由二维基矢量 $\boldsymbol{a}_1$、$\boldsymbol{a}_2$ 确定的布拉菲格子，其倒格矢 $\boldsymbol{G}_m=m_1\boldsymbol{b}_1+m_2\boldsymbol{b}_2$，$m_1$、$m_2$ 均为整数。根据 $\boldsymbol{a}_i\cdot\boldsymbol{b}_j=\delta_{ij}$ 可推导出，倒格子基矢量 $\boldsymbol{b}_1$ 和 $\boldsymbol{b}_2$ 可表示为

$$\boldsymbol{b}_1=\frac{2\pi Q\boldsymbol{a}_2}{\boldsymbol{a}_1\cdot Q\boldsymbol{a}_2}$$

$$\boldsymbol{b}_2=\frac{2\pi Q\boldsymbol{a}_1}{\boldsymbol{a}_2\cdot Q\boldsymbol{a}_1}$$

式中，Q 代表 90°旋转操作。

1.5.3 三维空间的倒格子

由三维基矢量 $\boldsymbol{a}_1$、$\boldsymbol{a}_2$、$\boldsymbol{a}_3$ 确定的布拉菲格子，其倒格矢 $\boldsymbol{G}_m=m_1\boldsymbol{b}_1+m_2\boldsymbol{b}_2+m_3\boldsymbol{b}_3$，($m_1$、$m_2$、$m_3$ 为整数)。根据 $\boldsymbol{a}_i\cdot\boldsymbol{b}_j=\delta_{ij}$ 可推导出，倒格子基矢量 $\boldsymbol{b}_1$、$\boldsymbol{b}_2$ 和 $\boldsymbol{b}_3$ 可表示为

$$\boldsymbol{b}_1=\frac{2\pi(\boldsymbol{a}_2\times\boldsymbol{a}_3)}{\boldsymbol{a}_1\cdot(\boldsymbol{a}_2\times\boldsymbol{a}_3)}$$

$$\boldsymbol{b}_2=\frac{2\pi(\boldsymbol{a}_3\times\boldsymbol{a}_1)}{\boldsymbol{a}_1\cdot(\boldsymbol{a}_2\times\boldsymbol{a}_3)}$$

$$\boldsymbol{b}_3=\frac{2\pi(\boldsymbol{a}_1\times\boldsymbol{a}_2)}{\boldsymbol{a}_1\cdot(\boldsymbol{a}_2\times\boldsymbol{a}_3)}$$

1.5.4 倒格子的基本性质

性质 1：倒格子体积 Ω^* 与正格子体积 Ω 满足 $\Omega^*=\dfrac{(2\pi)^3}{\Omega}$。

提示：$\boldsymbol{A}\times(\boldsymbol{B}\times\boldsymbol{C})=(\boldsymbol{A}\cdot\boldsymbol{C})\boldsymbol{B}-(\boldsymbol{A}\cdot\boldsymbol{B})\boldsymbol{C}$。

性质 2：倒格矢 $\boldsymbol{G}_h=h_1\boldsymbol{b}_1+h_2\boldsymbol{b}_2+h_3\boldsymbol{b}_3$ 与正格子晶面 $(h_1h_2h_3)$ 正交，且面间距为 $d=\dfrac{2\pi}{|\boldsymbol{G}_h|}$。因此，倒格子格点与正格子晶面具有一一对应的关系。

1.5.5 几种典型结构的倒格子

简单立方的倒格子仍为简单立方,倒格子基矢量可表示为

$$\boldsymbol{b}_1=\frac{2\pi}{a}\boldsymbol{i}$$

$$\boldsymbol{b}_2=\frac{2\pi}{a}\boldsymbol{j}$$

$$\boldsymbol{b}_3=\frac{2\pi}{a}\boldsymbol{k}$$

可以证明,面心立方的倒格子为体心立方,基矢量可表示为

$$\boldsymbol{b}_1=\frac{2\pi}{a}(-\boldsymbol{i}+\boldsymbol{j}+\boldsymbol{k})$$

$$\boldsymbol{b}_2=\frac{2\pi}{a}(\boldsymbol{i}-\boldsymbol{j}+\boldsymbol{k})$$

$$\boldsymbol{b}_3=\frac{2\pi}{a}(\boldsymbol{i}+\boldsymbol{j}-\boldsymbol{k})$$

体心立方的倒格子为面心立方,基矢量可表示为

$$\boldsymbol{b}_1=\frac{2\pi}{a}(\boldsymbol{j}+\boldsymbol{k})$$

$$\boldsymbol{b}_2=\frac{2\pi}{a}(\boldsymbol{i}+\boldsymbol{k})$$

$$\boldsymbol{b}_3=\frac{2\pi}{a}(\boldsymbol{i}+\boldsymbol{j})$$

1.5.6 几种典型结构晶面间距与晶格常数的关系

立方晶系中米勒指数为(hkl)的晶面间距满足

$$d=\frac{a}{\sqrt{h^2+k^2+l^2}}$$

证明如下:

对于立方结构,代入晶面间距与倒格矢关系,可得

$$d=\frac{2\pi}{|\boldsymbol{G}|}=\frac{2\pi}{|h\boldsymbol{b}_1+k\boldsymbol{b}_2+l\boldsymbol{b}_3|}$$

$$=\frac{2\pi}{\left|h\frac{2\pi}{a}\boldsymbol{i}+k\frac{2\pi}{a}\boldsymbol{j}+l\frac{2\pi}{a}\boldsymbol{k}\right|}=\frac{a}{\sqrt{h^2+k^2+l^2}}$$

四方晶系中米勒指数为(hkl)的晶面间距满足

$$d=\frac{1}{\sqrt{\frac{h^2+k^2}{a^2}+\frac{l^2}{c^2}}}$$

证明如下：

四方晶系倒格子基矢量通过三维晶体倒格子表达推导可得

$$\boldsymbol{b}_1=\frac{2\pi}{a}\boldsymbol{i}$$

$$\boldsymbol{b}_2=\frac{2\pi}{a}\boldsymbol{j}$$

$$\boldsymbol{b}_3=\frac{2\pi}{a}\boldsymbol{k}$$

代入晶面间距与倒格矢关系，可得

$$d=\frac{2\pi}{|\boldsymbol{G}|}=\frac{2\pi}{|h\boldsymbol{b}_1+k\boldsymbol{b}_2+l\boldsymbol{b}_3|}$$

$$=\frac{2\pi}{\left|h\frac{2\pi}{a}\boldsymbol{i}+k\frac{2\pi}{a}\boldsymbol{j}+l\frac{2\pi}{a}\boldsymbol{k}\right|}=\frac{1}{\sqrt{\frac{h^2+k^2}{a^2}+\frac{l^2}{c^2}}}$$

1.6　X射线衍射：材料晶体结构的表征

1.6.1　劳厄方程

晶体所产生的衍射花样反映出晶体内部的原子分布规律。一个衍射花样，可以认为包含两个方面的信息：一方面是衍射线在空间的分布规律（称之为衍射几何），衍射线的分布规律由晶胞的大小、形状和位向决定。另一方面是衍射线束的强度，衍射线的强度则取决于原子的种类和它们在晶胞中的位置。

X射线照射在不同原子上，发生反射，反射光线发生干涉。当光程差等于波长整数倍时，干涉增强。图1-38给出了X射线反射示意图，当不同原子的反射光线发生干涉时，光程差为

$$\frac{\boldsymbol{R}\cdot(\boldsymbol{k}-\boldsymbol{k}_0)}{|\boldsymbol{k}_0|}=m\lambda$$

通过上式可得劳厄方程

$$\boldsymbol{k}-\boldsymbol{k}_0=\boldsymbol{G}$$

劳厄方程给出了衍射增强条件，即当不同原子的反射波光程差为倒格子格矢时，衍射增强。

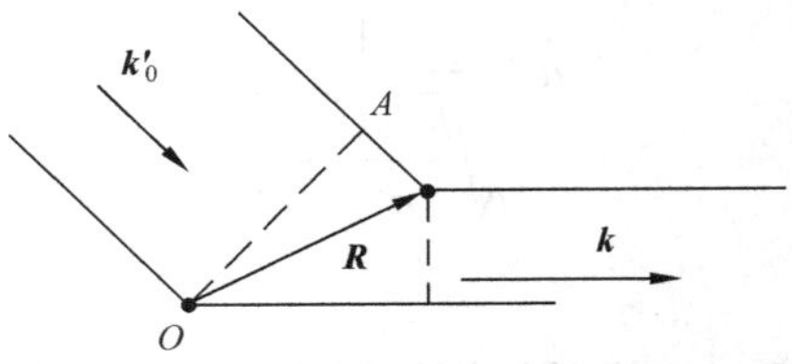

图 1-38 劳厄方程光路图

1.6.2 布拉格衍射方程

对于 X 射线衍射，当光程差等于波长的整数倍时（见图 1-39），晶面的散射线将加强，此时满足的条件为

$$2d\sin\theta = n\lambda$$

式中，d 为晶面间距；θ 为入射线、反射线与反射晶面之间的夹角；λ 为波长；n 为反射级数。布拉格衍射方程可以由劳厄方程导出。

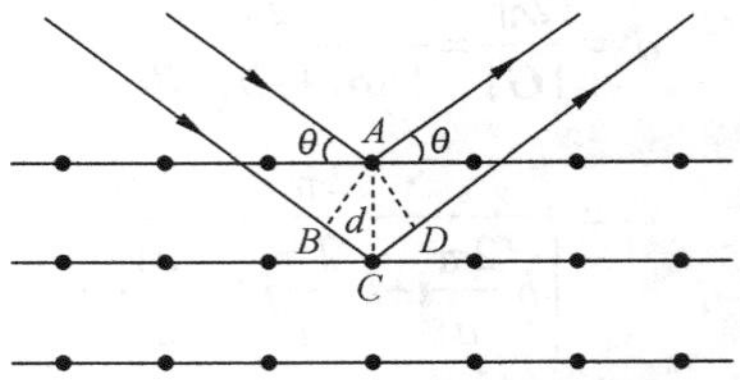

图 1-39 布拉格衍射光路图

1.6.3 点阵消光

原子散射因子　位于 O 点的原子，分布在 A 点的电子密度为 $\rho(\boldsymbol{r})$，在 k 方向散射波的振幅正比于 $\rho(\boldsymbol{r})\mathrm{e}^{\mathrm{i}(\boldsymbol{k}-\boldsymbol{k}_0)\cdot\boldsymbol{r}}$，对全空间积分，得到该原子中所有电子在 k 方向的总振幅 $f=\int\rho(\boldsymbol{r})\mathrm{e}^{\mathrm{i}(\boldsymbol{k}-\boldsymbol{k}_0)\cdot\boldsymbol{r}}\mathrm{d}\tau$。$f$ 称之为原子散射因子，与电子分布相关。

布拉格方程是 X 射线在晶体产生衍射时的必要条件而非充分条件。有些情况下晶体虽然满足布拉格方程，但不一定出现衍射，即所谓系统消光。由于晶格点阵不同引起的消光，称之为点阵消光。

几何散射因子　对有 N 个晶胞的晶体（见图 1-40），原胞内包含 S 个原子，用平移矢量 $\boldsymbol{R}_n$ 表示第 n 个原胞的位矢，$\boldsymbol{r}_j$ 表示原胞内第 j 个原子相对原胞位矢的位移，$\rho_j(\boldsymbol{r}-\boldsymbol{r}_j-\boldsymbol{R}_n)$ 表示第 n 个原胞中第 j 个原子的电子密度，则在 r 点晶体总的电子密度为 $\sum\limits_{n=1}^{N}\sum\limits_{j=1}^{S}\rho_j(\boldsymbol{r}-\boldsymbol{r}_j-\boldsymbol{R}_n)$，应用劳厄方程，原子的散射振幅可表示为

$$\begin{aligned}A &= \sum_{n=1}^{N}\sum_{j=1}^{S}\int\rho_j(\boldsymbol{r}-\boldsymbol{r}_j-\boldsymbol{R}_n)\mathrm{e}^{\mathrm{i}(\boldsymbol{k}-\boldsymbol{k}_0)\cdot\boldsymbol{r}}\mathrm{d}\tau \\ &= N\sum_{j=1}^{S}\mathrm{e}^{\mathrm{i}\boldsymbol{G}\cdot\boldsymbol{r}_j}f_j(\boldsymbol{G}) = NS(\boldsymbol{G})\end{aligned}$$

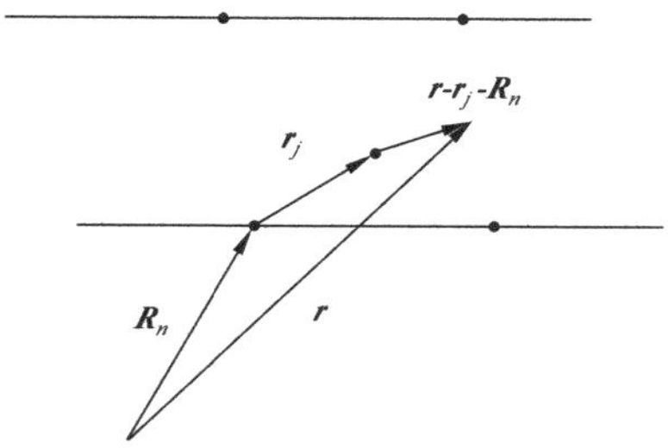

图 1-40　原子散射振幅示意图

式中，$S(\boldsymbol{G})$称为几何结构因子，具体表达如下：

$$S(\boldsymbol{G})=\sum_{j=1}^{S}\mathrm{e}^{\mathrm{i}2\pi(hx_j+ky_j+lz_j)}f_j(\boldsymbol{G})$$

式中，h,k,l 代表晶面指数；x_j,y_j,z_j 代表原子位置，通过几何结构因子，可获得特定晶体的消光条件。

体心立方消光条件　在体心立方结构中，原子位置为(0,0,0)和(0.5,0.5,0.5)。因此，

$$S(\boldsymbol{G})=f_j(\boldsymbol{G})\left[\mathrm{e}^{\mathrm{i}2\pi(0+0+0)}+\mathrm{e}^{\mathrm{i}2\pi(0.5h+0.5k+0.5l)}\right]$$

当 $h+k+l=$奇数时，满足消光条件，即体心立方的 XRD 图谱中不会出现 $h+k+l$ 为奇数的衍射晶面。

面心立方消光条件　在面心立方结构中，当 h、k、l 奇偶混杂时，满足消光条件，即面心立方的 XRD 图谱中不会出现 h、k、l 奇偶混杂的衍射晶面。

底心正交消光条件　在底心正交结构中，当 $h+k$ 为奇数时，满足消光条件，即面心立方的 XRD 图谱中不会出现 $h+k$ 为奇数的衍射晶面。

金刚石结构消光条件　在金刚石结构中，消光条件为 h、k、l 奇偶混杂；h、k、l 全为偶数，且 $h+k+l\neq 4n$。

课外扩展 3　劳厄方程和布拉格衍射公式

德国科学家马克斯·冯·劳厄(见图 1-41)曾在著名物理学家普朗克的指导下从事科学研究。1912 年，获得了世界上第一张 XRD 图谱(见图 1-42)，他给出了这一现象的数学公式，即劳厄方程，并于 1912 年发表了这一发现。这是固体物理学中具有里程碑意义的发现，从此人们可以通过观察衍射花纹研究晶体的微观结构，并且对生物学、化学、材料科学的发展都起到了推动作用。1914 年，劳厄获得诺贝尔物理学奖。1953 年，詹姆斯·沃森和佛朗西斯·克里克就是通过 X 射线衍射方法得到了 DNA 分子的双螺旋结构。

图 1-41　马克斯·冯·劳厄(1879—1960),德国物理学家

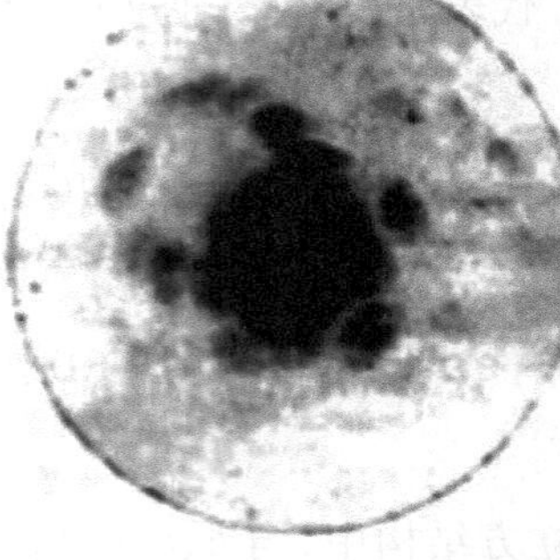

图 1-42　劳厄得到的历史上第一张 X 射线衍射图谱

1912 年,英国科学家亨利·布拉格和劳伦斯·布拉格(见图 1-43)从劳厄晶体的 X 射线衍射中推导出著名的布拉格公式。这个公式反映了 X 射线的波长和晶面间距之间的定量关系。劳伦斯·布拉格于 1912 年 11 月 11 日在剑桥大学哲学学会上宣读的论文《晶体对短波长电磁波的衍射》很快就在《剑桥哲学学会学报》上发表,并引起了广泛注意。他在给卢瑟福的信中高兴地写道:

图 1-43　布拉格父子,左为劳伦斯·布拉格,右为亨利·布拉格

亲爱的卢瑟福：

我儿子已从云母薄片上得到优美的X射线反射图，就像光在镜子中的反射一样简单。它们可以在5分钟的曝光中得到，也就是说那主要是一些反射斑点，其他方式不会如此迅速。但你可以在20分钟内做一些对比实验。

你也可以在靠近A点的地方得到奇特的黑斑，位于A与B之间。他对此还未做出解释。我已有几天没有他的消息了，但下周我将见到他和他的照片。那时我会告诉你他正在做的工作……

祝好

W. H. 布拉格

1912年12月5日于利兹，格劳斯温纳路，玫瑰庄园

1913年，亨利·布拉格制成了第一台X射线摄谱仪，测定了许多元素的标识X射线的波长。布拉格父子二人利用这台仪器测定了NaCl（见图1-44）、ZnS、金刚石、萤石、方解石、水晶等几种简单晶体的结构，并提出晶体结构的分析方法。这就从理论及实验上证明了晶体结构的周期性与几何对称性，奠定了X射线光谱学及X射线结构分析的基础。1915年，布拉格父子获得诺贝尔物理学奖。

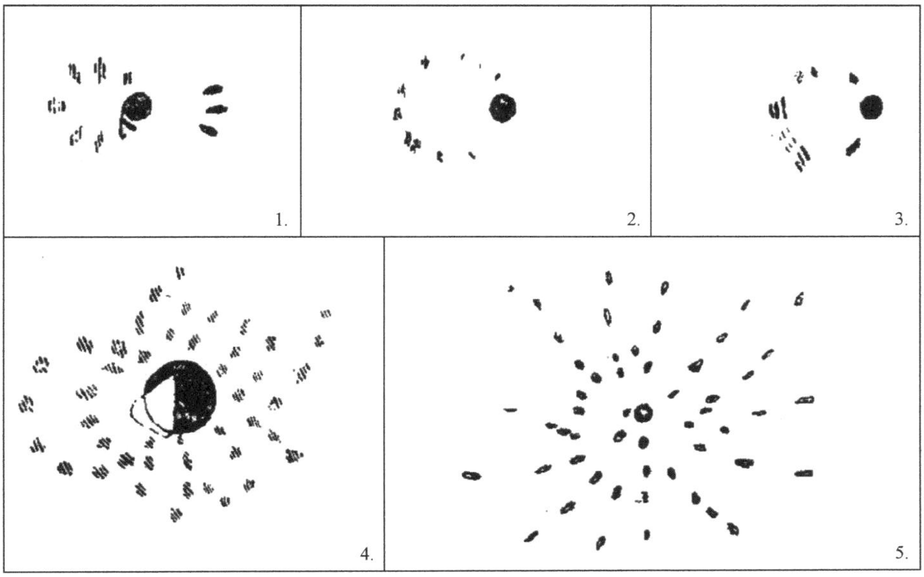

图1-44　劳伦斯·布拉格获得的NaCl晶体的X射线衍射图谱

1.7　特定晶体结构的X射线衍射谱

根据布拉格衍射方程、晶面间距公式和消光条件，就可得到特定结构的X射线图谱。

1.7.1 简单立方的 X 射线衍射谱

对于简单立方结构，不存在消光条件(见图 1-45)。因此，当衍射角度从低到高时，依次出现的晶面分别是(001)、(011)和(111)，对应的晶面间距关系满足 $d_1 : d_2 : d_3 = 1 : \frac{1}{\sqrt{2}} : \frac{1}{\sqrt{3}}$。假设某立方钙钛矿材料的晶格常数为 0.4 nm，X 射线靶材对应的波长为 0.154 06 nm，则对应的衍射面的衍射晶面、衍射角度均可给出，具体如表 1-9 所示。

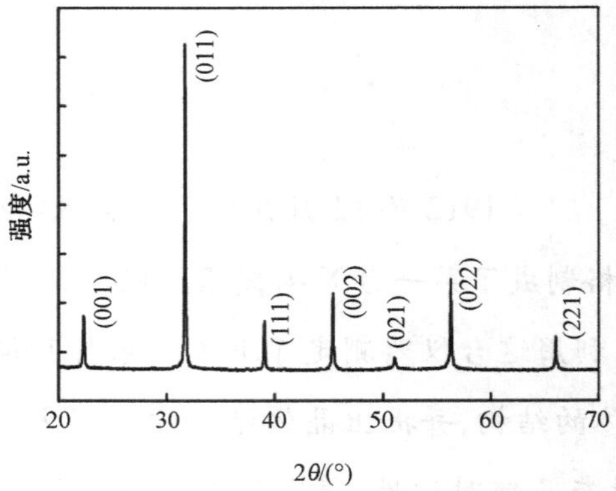

图 1-45 某立方钙钛矿陶瓷的 X 射线衍射谱

表 1-9 某立方钙钛矿材料的 X 射线衍射信息

衍射晶面	晶面间距/nm	2θ/(°)
(001)	0.400 0	22.206
(011)	0.282 8	31.607
(111)	0.231 0	38.969
(002)	0.200 0	45.306
(021)	0.178 9	51.013

1.7.2 面心立方的 X 射线衍射谱

对于面心立方结构，消光条件为 h、k、l 奇偶混杂。因此，当衍射角度从低到高时，依次出现的晶面分别是(111)、(002)和(022)，对应的晶面间距关系满足 $d_1 : d_2 : d_3 = \frac{1}{\sqrt{3}} : \frac{1}{2} : \frac{1}{2\sqrt{2}}$。假设某面心立方结构材料的晶格常数为 0.316 5 nm，X 射线靶材对应的波长为 0.154 06 nm，则对应的衍射面的衍射晶面、衍射角度均可给出，具体如表 1-10 所示。

表 1-10 某面心立方结构材料的 X 射线衍射信息

衍射晶面	晶面间距/nm	$2\theta/(°)$
(111)	0.287 1	43.317
(002)	0.180 8	54.449
(022)	0.127 8	74.126

1.7.3 体心立方的 X 射线衍射谱

对于体心立方结构，消光条件为 $h+k+l=$奇数。因此，当衍射角度从低到高时，依次出现的晶面分别是(011)、(002)和(211)，对应的晶面间距关系满足 $d_1:d_2:d_3=\frac{1}{\sqrt{2}}:\frac{1}{2}:\frac{1}{\sqrt{6}}$。假设某体心立方结构材料的晶格常数为 0.286 6 nm，X 射线靶材对应的波长为 0.154 06 nm，则对应的衍射面的衍射晶面、衍射角度均可给出，具体如表 1-11 所示。

表 1-11 某体心立方结构材料的 XRD 衍射信息

衍射晶面	晶面间距/nm	$2\theta/(°)$
(011)	0.202 7	44.673
(002)	0.143 3	65.023
(211)	0.117 0	82.335

1.7.4 简单四方结构的 XRD 图谱

对于简单四方结构，根据晶面间距与晶格常数关系，晶面指数 h、k 与 l 不等价。以{001}为例，(001)与(010)和(100)的晶面间距不同，在 XRD 图谱(见图 1-46)上，会表现出明显分峰，(001)衍射峰与(010)衍射峰的峰强比例接近 1∶2。类似地，{110}、{200}、{210}和{220}等衍射晶面将产生明显的分峰。

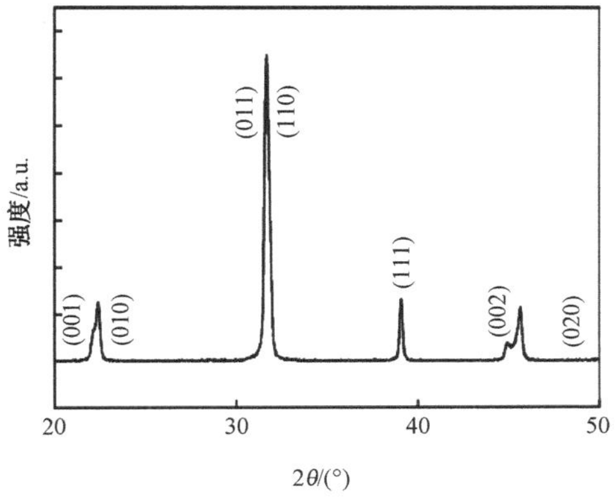

图 1-46 某四方钙钛矿陶瓷的 X 射线衍射谱

1.8 采用 Diamond 软件模拟特定材料的晶胞和 XRD 图谱

能够模拟晶胞结构和 X 射线衍射谱的软件不少，例如 Diamond 软件、Fullprof 软件、Materials Studio 软件等。本节以金刚石晶体为例，学习如何采用 Diamond 软件模拟特定材料的晶胞与 X 射线衍射谱。Diamond 软件是德国波恩大学 Crystal Impact GbR 公司开发研制的一个化学专业软件，应用十分广泛。

要模拟特定材料的晶胞和 XRD 图谱，需要获取材料的晶体学信息，包括空间群、晶格常数及原子占位信息等。这些信息，可通过晶体结构数据库获取。当然，晶体结构数据库也很多，本节推荐采用由国际衍射中心 ICDD 提供的衍射数据库。通过该数据库，可下载到金刚石结构的 cif 文件，文件中包括其晶体学信息，具体如表 1-12 给出。

表 1-12 金刚石结构的晶体学信息

材料	金刚石
空间群	$Fd\bar{3}m$
晶格常数	$a=b=c=3.567$ Å $\alpha=\beta=\gamma=90°$
原子占位	C(0,0,0)

第一步，打开 Diamond 软件，选择新建工程并输入晶体学参数（Creat a document and type in structure parameters），如图 1-47 所示。

第二步，点击下一页，选择金刚石的空间群信息 $Fd\bar{3}m$，并输入晶格常数 $a=b=c=3.567$ Å（见图 1-48）。

第三步，点击下一页，输入金刚石结构的原子占位信息 C(0,0,0)，并选择 Add 加入晶胞中（见图 1-49）。

第四步，点击下一页，完成晶体学信息的输入，进入结构图片助手环节。点击下一页，通过调整 x 轴、y 轴和 z 轴大小，选择要建立晶胞的个数。例如，选择 X-min、Y-min 和 Z-min 的值为 -0.01，X-max、Y-max 和 Z-max 的值为 1.01，就建立了 1 个晶胞。

第五步，继续点击下一页，完成工程建立，就获得了金刚石结构的晶胞结构和 XRD 衍射信息（见图 1-50）。可通过选择 move 工具，对 x、y 和 z 轴旋转，得到选取方向的晶胞示意图界面。

第六步，点击 powder pattern 界面，可获得金刚石结构的 X 射线衍射信息（衍射角、晶面、衍射强度、米勒指数等）及衍射线（见图 1-51）。通过 Powder Pattern Setting，Profile Function 选择 Pseudo-Voige，可调整 X 射线衍射谱的峰形参数，对 X 射线衍射峰进行模拟，模拟金刚石的 X 射线衍射图谱（见图 1-52）。

可选择 Save 选项,保存工程及晶胞图。选择 Print 选项,保存 X 射线衍射谱。实际上,Diamond 软件的功能很强大。还可以通过 Diamond 软件,获得特定晶向、晶面的投影,建立多面体,等等,这里不一一赘述。

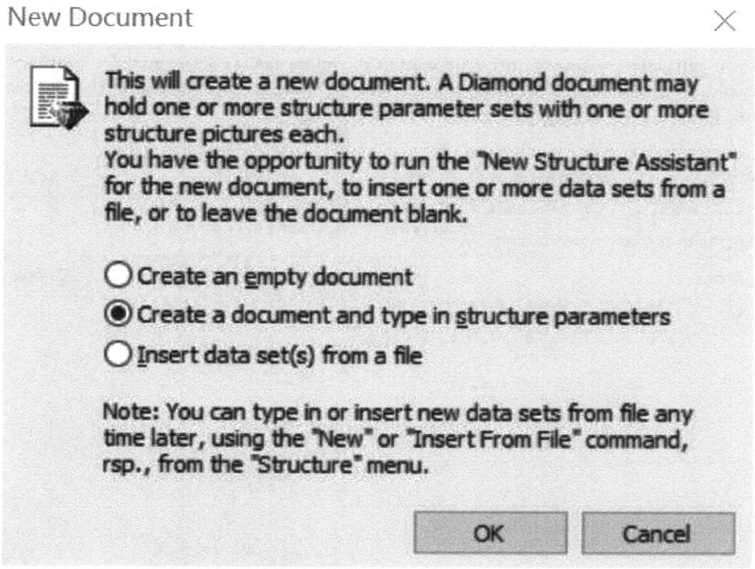

图 1-47　新建工程

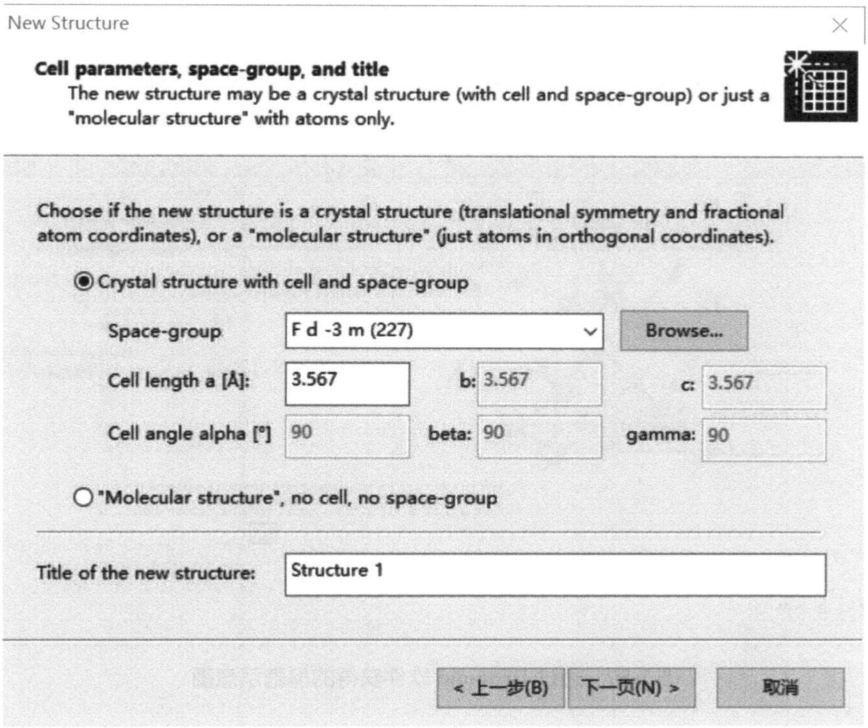

图 1-48　输入空间群信息及晶格常数

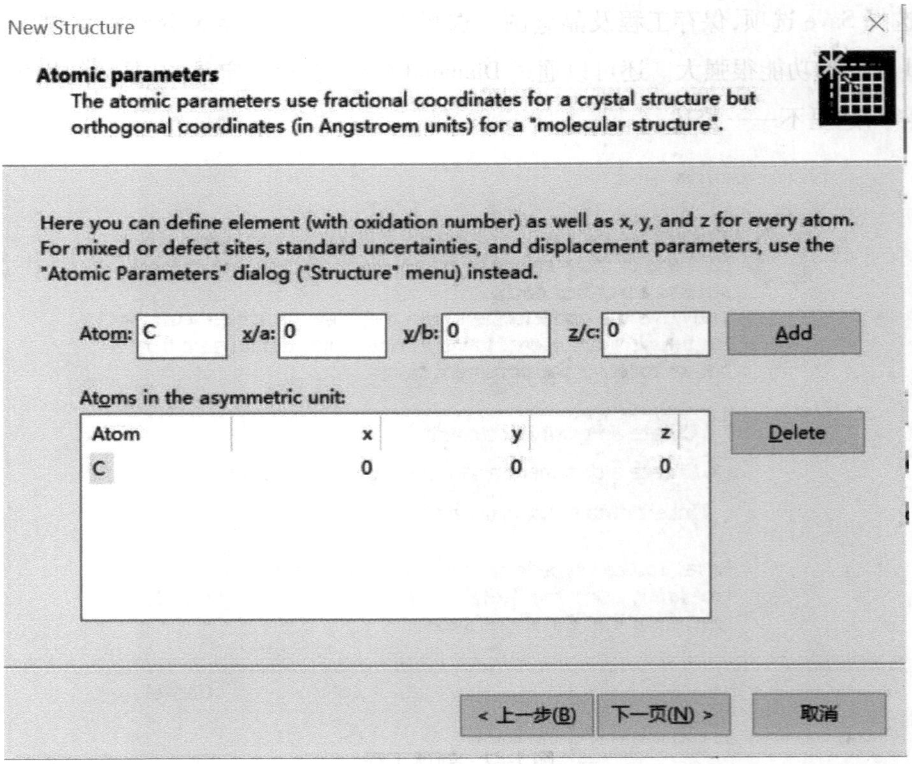

图 1-49　输入原子占位信息

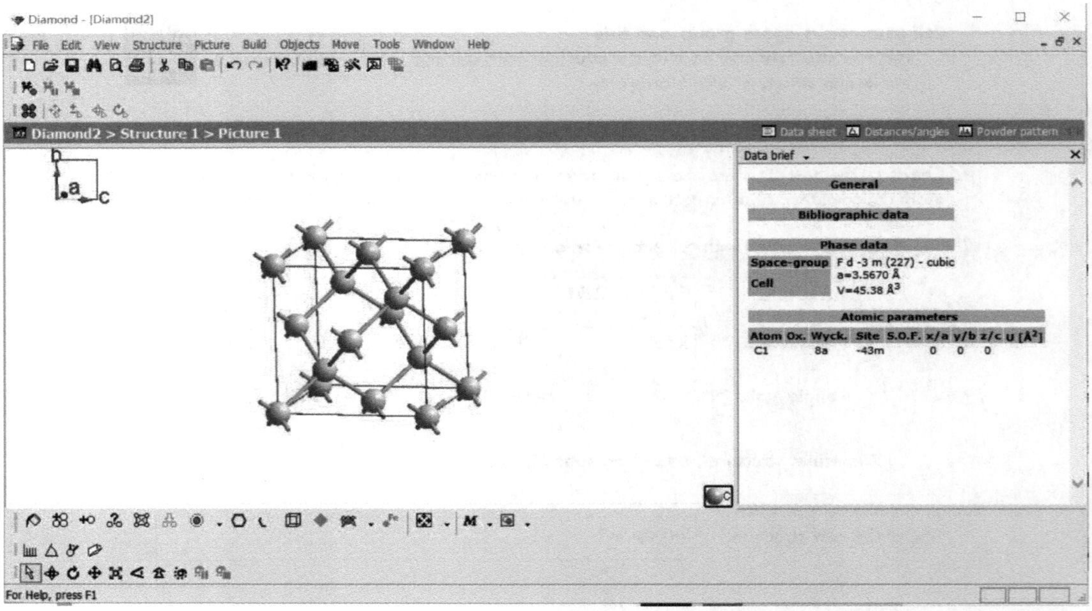

图 1-50　通过 Diamond 软件获得的晶胞示意图

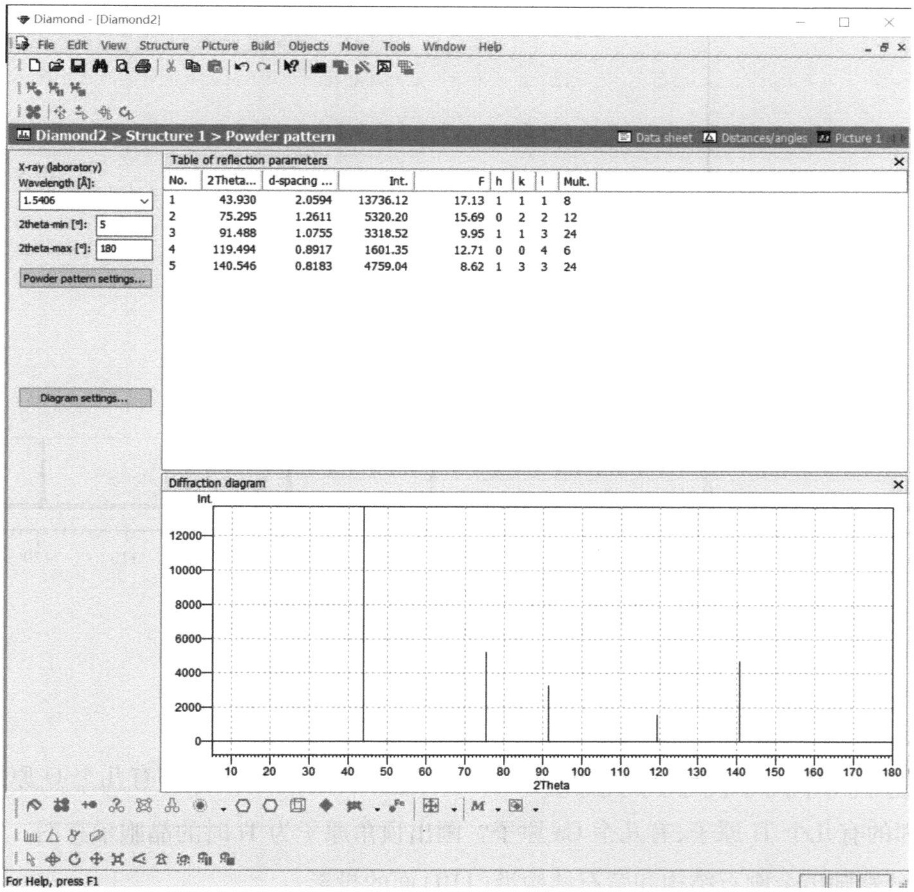

图 1-51　通过 Diamond 软件获得的金刚石 X 射线衍射数据及衍射线

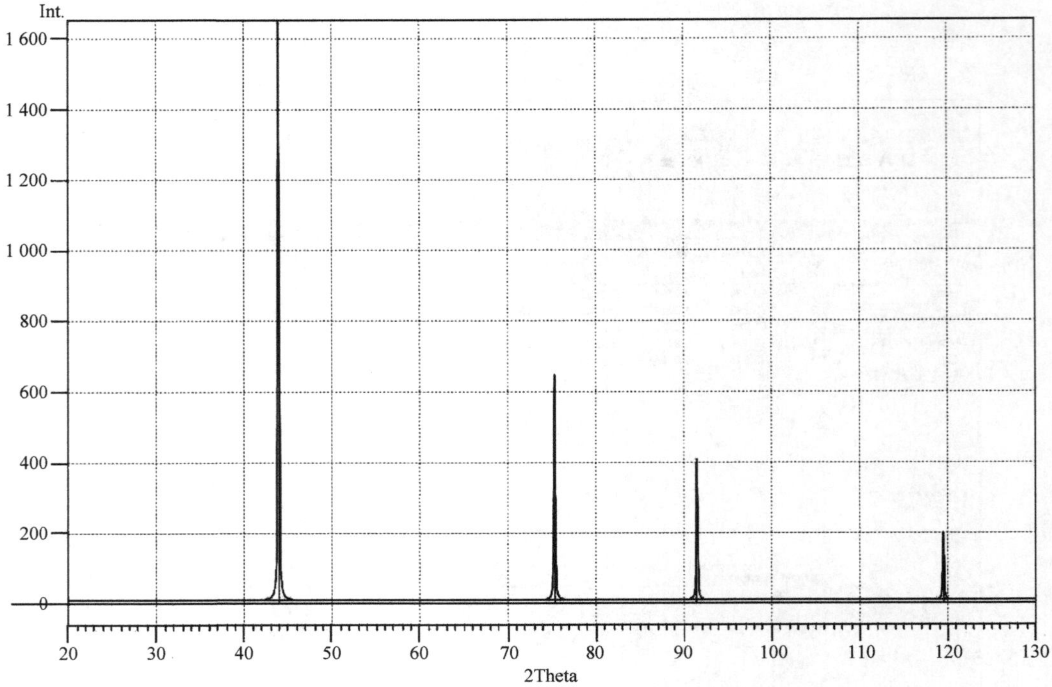

图 1-52　通过 Diamond 软件的金刚石的 X 射线衍射图谱

【习题】

1. 对于钙钛矿型结构 $CaTiO_3$，Ca 最近邻有几个 O 原子，Ti 最近邻有几个 O 原子，O 原子最近邻的有几个 Ti 原子，有几个 Ca 原子？画出顶角原子为 Ti 时的晶胞示意图。

2. 分别画出金刚石结构和萤石结构沿(110)面的投影。

3. 分别画出萤石结构和钙钛矿结构的布拉菲格子。

4. 给出二维简单长方结构的倒格子基矢量，并计算倒格子原胞面积。

5. 给出二维简单六角结构的倒格子基矢量，并计算倒格子原胞面积。

6. 对于六方结构，初基矢为 $\boldsymbol{a}_1=\sqrt{3}\dfrac{a}{2}\boldsymbol{i}+\dfrac{a}{2}\boldsymbol{j}$；$\boldsymbol{a}_2=-\sqrt{3}\dfrac{a}{2}\boldsymbol{i}+\dfrac{a}{2}\boldsymbol{j}$；$\boldsymbol{a}_3=c\boldsymbol{k}$。

(1) 证明原胞的体积为$\dfrac{\sqrt{3}}{2}a^2c$。

(2) 证明倒格子的基矢为 $\boldsymbol{b}_1=\dfrac{2\pi}{\sqrt{3}a}\boldsymbol{i}+\dfrac{2\pi}{a}\boldsymbol{j}$；$\boldsymbol{b}_2=\dfrac{2\pi}{\sqrt{3}a}\boldsymbol{i}+\dfrac{2\pi}{a}\boldsymbol{j}$；$\boldsymbol{b}_3=\dfrac{2\pi}{a}\boldsymbol{k}$，因此，六方格子的倒格子也是六方格子。

(3) 给出六方结构晶面间距和米勒指数的关系。

7. 给出正交结构的倒格子基矢量，并证明，米勒指数为(hkl)的晶面面间距满足

$$d=\frac{1}{\sqrt{\frac{h^2}{a^2}+\frac{k^2}{b^2}+\frac{l^2}{c^2}}}$$

8. 下列结构中，在{100}晶面出现衍射峰的为(　　)。

A. ZnS 结构　　　　B. CsCl 结构

C. 立方钙钛矿结构　　　　D. NaCl 结构

9. 具有面心立方结构的某元素晶体，它的多晶样品 X 射线衍射谱中，散射角最小的三个衍射峰相应的面指数是什么，假设该晶体晶格参数为 a，计算这三个面对应的面间距。

10. 假设 CsCl 晶体的 Cs 及 Cl 原子的散射因子分别是 f_{Cs} 和 f_{Cl}，试求其结构因子。

11. 某元素晶体的结构为体心立方，试指出其格点面密度最大的晶面系的米勒指数，并求出该晶面系相邻晶面的面间距。(设其晶格常数为 a)已知铝(Al)、铜(Cu)等金属晶体具有面心立方结构。

(1) 试绘出其晶胞形状，指出其原子排列的最密排面。

(2) 说明它的倒格子类型。

(3) 使用波长等于 1.54 Å 的 X 射线照射铜晶体(晶胞参数 a=3.61 Å)，说明其 X 射线衍射图中不出现(100)、(110)、(422)和(511)衍射线的原因。

(4) Al 单晶的 X 射线衍射结果中第一个衍射峰对应的 2θ 角为 38.470°，试求其晶胞长度。

12. 元素 Si、Ge 具有金刚石结构，晶格常数为 a，

(1) 写出其一个晶胞内的原子坐标，给出原子的最近邻距离。

(2) 写出其布拉菲格子类型和倒格子类型。

(3) 试给出下列米勒指数对应的面间距(100)、(110)、(111)。

(4) 求其几何结构因子，并给出消光条件。

13. 已知，某材料(立方晶系)X 射线衍射出现的前三个晶面的位置如下表所示，

	2θ
1	43.317°
2	50.449°
3	74.126°

求该材料的晶体结构类型及晶格常数。(Cu 靶材，波长 λ=1.540 6 Å)

14. 铁酸铋是一种典型的多铁材料，室温下为三方相，空间群为 R3c，同时存在铁电性和反铁磁性，在 370 ℃，反铁磁性消失；在 830～850 ℃，铁电性消失，空间群由三方铁电相转变

至正交顺电相。

其中，室温三方相的晶体结构信息如下：

空间群	R3c	
晶格常数	$a=b=5.578\ 7$ Å；$c=13.868\ 8$ Å $\alpha=\beta=90°,\lambda=120°$	
原子占位	Bi	(0,0,0)
	Fe	(0,0,0.220 8)
	O	(0.442 8,0.018 7,0.952 0)

高温正交顺电相(900 ℃)的晶体结构信息如下：

空间群	Pbnm	
晶格常数	$a=5.629\ 8$ Å；$b=5.653\ 6$ Å；$c=7.986\ 1$ Å $\alpha=\beta=90°,\lambda=120°$	
原子占位	Bi	(0.999 3,0.017,0.25)
	Fe	(0.5,0.5,0)
	O(1)	(0.066 1,0.481,0.25)
	O(2)	(0.708,0.292 5,0.034 1)

(1) 请通过 Diamond 软件画出这两种结构的晶胞。

(2) 请通过 Diamond 软件在晶胞中添加以 Fe 原子为中心的 Fe-O 八面体。

(3) 请通过 Diamond 软件给出三方结构 R3c 沿[100]方向、正交结构沿[001]方向的投影情况。

(4) 请通过 Diamond 软件模拟这两种结构的 XRD 图谱。

第2章 固体的结合

本章主要讨论:为什么自然界中的物质大多数以晶态的形式存在?晶体结合的方式对材料的晶体结构和物理性能有何影响?特别地,本章新增了键合分析在材料研究中的应用,期望学生能够更加深入地理解晶体材料键合与物理性质的关系。

2.1 固体的结合能

假设晶体由 N 个粒子组成,晶体在 0 K 时的能量设为 U_0,处于自由状态的 N 个自由粒子的能量为 E_N,显然 $E_N>U_0$。$W=E_N-U_0$ 是 0 K 时把相距无限远、静止的中性自由原子组合成晶体所降低的能量,称作内聚能(cohesive energy)或结合能(binding energy)。若 E_N 设为 0,则 $W=-U_0$。结合能的大小和晶体的熔点直接相关,结合能越大,熔点越高。在元素周期表的各族之间,结合能差距很大。过渡金属的结合能比较强,其熔点最高;碱金属晶体具有中等大小的结合能,其熔点次之;惰性气体晶体的结合能最弱,其熔点远远低于室温。

一般而言,原子之间的相互作用能(见图 2-1)可表示为

$$u(r)=-\frac{a}{r^m}+\frac{b}{r^n}$$

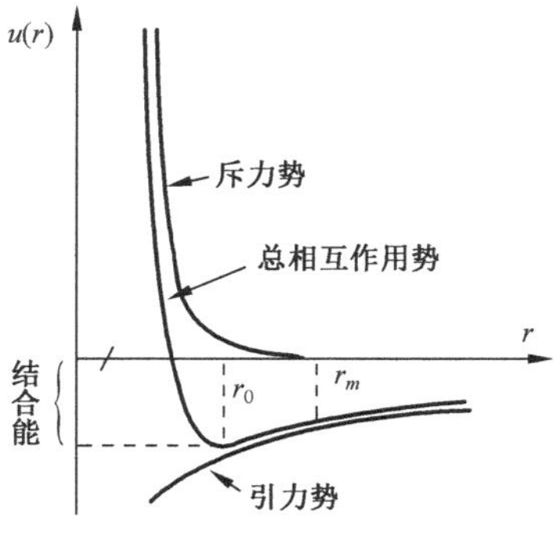

图 2-1 原子之间结合能与距离的关系

式中,a、b、m、n 都是待定的正值(>0)系数,可由实验确定。这里第一项为吸引能,第二项为排斥能,若两粒子要稳定结合在一起,则必须满足 $n>m$。其中,第一项吸引能项主要来源于库伦引力,而第二项斥力能项主要来源于库伦斥力及电子云之间的斥力。两个原子在接近过程中,引力势开始占据主导地位,在平衡位置时,相互作用能最低,作用能对位置 r 的一阶

导数 $u'(r_0)=0$,二阶导数 $u''(r_0)=0$,而当原子进一步接近时,电子云之间的斥力将迅速增加。

课外扩展4　鲍林与化学键理论

莱纳斯·卡尔·鲍林(Linus Carl Pauling,1901年2月28日—1994年8月19日),出生于美国俄勒冈州波特兰,化学家,美国国家科学院院士,美国艺术与科学院院士,1954年诺贝尔化学奖获得者,1962年诺贝尔和平奖获得者。鲍林的研究兴趣包括量子力学、晶体结构学、矿物学、结构化学、麻醉学、免疫学、医学、进化理论。

1927年起,莱纳斯·卡尔·鲍林运用X射线衍射、气相电子衍射、红外辐射、拉曼辐射、紫外辐射等多项分析手段,确定了一些物质分子或晶体的微观结构特征。在此基础上,鲍林便提出了化学键理论,即杂化轨道理论、共振理论、电负性概念等。《化学键的本质:量子力学和顺磁性理论应用于分子结构解析》《原子的共价半径与含电子对晶体的原子间距》是他的代表作品。他的理论不单单针对氢离子、氢分子等简单分子,对于苯、萘一类结构较为复杂的物质也能够给出很好的说明。

在《化学键的本质:量子力学和顺磁性理论应用于分子结构解析》一文中,鲍林总结了共价键和氢键的基本性质,并且用杂化轨道理论解决了当时一个突出的理论难题。通过量子力学计算可以得出,碳原子的4个外层电子中,有2个成对位于2s轨道,另外2个电子各单独占据1个2p轨道,与其他原子的电子结合形成2个共价键。但是化学家很早就通过实验证明:碳原子与周围原子形成4个等价的化学键。鲍林给出一个新的解释:当分子形成时,键特征函数的量子化结果发生了改变,即"打破量化"或者"摧毁量化",形成s轨道与p轨道的"杂化(hybridization)",结果4个能量级相同的sp杂化轨道每一个都容纳1个碳原子外层电子,供其形成1个共价键。

在杂化轨道理论的基础上,鲍林又提出了"共振(resonance)"概念。他认为,某一种分子的分子结构可以看作是由两种或者多种不同的键合形态共振的结果。

除了丰富和巩固共价键理论,鲍林用顺磁性作为标准,将化学键区分为不同类型:共价键、离子键、金属键、氢键等。后来,他又给出了描述化学键特征的各种参数,例如共价键的键长、键角、电负性标度等。他提出了离子半径的概念和离子晶体的结构法则,总结出金属键的四个特征,并且较早认识到氢键在生物体内扮演重要的角色。

除此之外,鲍林还是一个和平主义倡导者。1958年1月,他向时任联合国秘书长达格·哈马舍尔德递交了一份请愿书,要求结束核弹试验。1960年,他被传唤到美国参议院内部安全小组委员会就其反核试验请愿书作证。1961年,他再次向联合国提交了一份新的请愿书,“呼吁阻止核武器扩散”。鲍林因为在阻止核扩散方面中的贡献,获得了诺贝尔和平奖。

2.2 离子性结合

2.2.1 离子晶体

当 I 族碱金属元素 Li、Na、K、Rb、Cs 和 VII 族的卤素元素 F、Cl、Br、I 结合时,可形成离子晶体,离子晶体以离子性结合为主。要形成离子晶体,必然有一方原子容易得到电子,即显示强的非金属性,必然有另一方原子容易失去电子,显示强的金属性。NaCl 晶体、CsCl 晶体和 CaF_2 晶体均为典型的离子晶体。

2.2.2 离子性结合的特点

离子性结合具有两个明显的特点:一方面,以离子为结合单元,形成球对称性的电子壳层结构(可当作点电荷,见图 2-2);另一方面,离子性结合无方向性、无饱和性。在离子晶体中,所有离子的电子组态都是闭合电子壳层,电荷分布近似于球对称(见图 2-3),形成离子键时在各方向是等价的,这就是离子键的无方向性。离子键主要靠的是离子间的静电引力,在空间条件允许的情况下,每个离子总是与尽可能多的异性离子形成作用,这就是离子键的无饱和性。当然,离子晶体中每个离子临近的异性离子的个数并不是任意的,还要受到原子半径的影响。

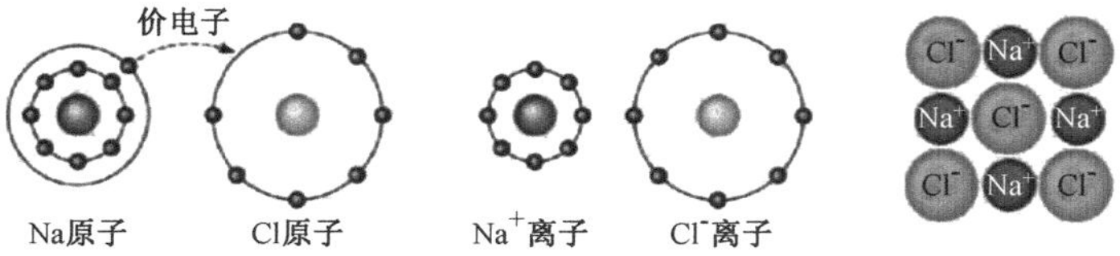

图 2-2 离子性结合的电子层结构

图 2-3 NaCl 沿(100)面的理论和实验电荷密度图,电荷分布近似球分布

2.2.3 离子晶体物理性质与键合关系

以离子性结合为主的离子晶体,一般具有如下几个特点:

第一,熔沸点高(见表 2-1)。以 NaCl 晶体为例,熔点 801 ℃,沸点 1 465 ℃。

第二,脆性大。

第三,固态时导电性差。

第四,典型的离子晶体是无色透明的。

表 2-1 氯化物离子晶体的熔沸点数据

离子晶体	熔点/℃	沸点/℃
LiCl	610	1 350
NaCl	801	1 465
KCl	770	1 407
RbCl	722	1 381
CsCl	645	1 300

离子晶体的上述物理性质,与离子性结合的特点相关,具体如表 2-2 所示。

表 2-2 离子晶体物理性质与离子性结合特点的关系

<table>
<tr><th>物理性质</th><th>离子性结合特点</th></tr>
<tr><td>熔沸点高</td><td>离子键结合能高</td></tr>
<tr><td>脆性大</td><td>离子晶体排列方式为正负离子交错排列,不容易产生位错</td></tr>
<tr><td>导电性差</td><td rowspan="2">电子参与形成离子键,很难脱离离子键形成自由电子,导致禁带宽度宽,电阻率高,且光子很难被晶体吸收</td></tr>
<tr><td>典型的离子晶体是无色透明的</td></tr>
</table>

2.2.4 离子晶体的系统内能

对于离子晶体,由库伦能决定的一个离子与其他离子的总静电能为

$$E=\frac{1}{2}\sum_{j}^{N}\left(\pm\frac{q^{2}}{4\pi\varepsilon_{0}r_{j}}\right)$$

式中,ε_0 为真空介电常数;r_j 为两个离子之间的相对距离,因为库伦能被两个离子共享,所以有个$\frac{1}{2}$的系数。当两个离子为同种离子时,为库伦斥力能,取正号;当两个离子不同时,取负号,为库伦引力能。可表示为

$$E=\frac{1}{2}\frac{\alpha q^{2}}{4\pi\varepsilon_{0}r}$$

式中,α 称为马德隆常数,由离子晶体的晶体结构决定。

对于 NaCl 晶体,1 个离子受到其他所有离子的总静电能为

$$E=-\frac{1}{2}\sum_{n_1,n_2,n_3}\left(\frac{e^2(-1)^{n_1+n_2+n_3}}{4\pi\varepsilon_0 r[(n_1^2)+(n_2^2)+(n_3^2)]^{\frac{1}{2}}}\right)$$

$$=-\frac{1}{2}\frac{\alpha e^2}{4\pi\varepsilon_0 r}$$

所以,NaCl 晶体的马德隆常数可表示为

$$\alpha=\frac{-(-1)^{n_1+n_2+n_3}}{[(n_1^2)+(n_2^2)+(n_3^2)]^{\frac{1}{2}}}$$

由于离子晶体的马德隆常数收敛比较慢,在实际过程中,可通过计算机编程计算离子晶体的马德隆常数。表 2-3 给出了常见晶体的马德隆常数。

表 2-3 常见晶体的马德隆常数

晶体	配位数	马德隆常数
NaCl	6 : 6	1.748
CsCl	8 : 8	1.763
纤锌矿	4 : 4	1.641
闪锌矿	4 : 4	1.638
萤石	8 : 4	2.520
金红石	6 : 3	2.408

对于泡利不相容原理决定的电子云之间的斥力能项,可表示为$\frac{b}{r^n}$,一般只考虑最近邻离子的作用,具体由离子晶体的配位数决定。对于 NaCl 晶体,配位数为 6。

综上,对于包含 N 个原胞的 NaCl 晶体($2N$ 个离子),总相互能可表示为

$$U(r)=N\left(\frac{-\alpha e^2}{4\pi\varepsilon_0 r}+\frac{6b}{r^n}\right)=N\left(-\frac{A}{r}+\frac{B}{r^n}\right)$$

一维 NaCl 晶体的马德隆常数 对于一维 NaCl 晶体,库伦能可以表示为

$$2N\left(-\frac{e^2}{4\pi\varepsilon_0 r}+\frac{e^2}{4\pi\varepsilon_0 2r}-\frac{e^2}{4\pi\varepsilon_0 3r}+\frac{e^2}{4\pi\varepsilon_0 4r}+\cdots\right)$$

$$=2N\left(1-\frac{1}{2}+\frac{1}{3}-\frac{1}{4}+\frac{1}{5}-\cdots\right)\frac{-e^2}{4\pi\varepsilon_0 r}=\frac{2\ln 2e^2}{4\pi\varepsilon_0 r}$$

即一维 NaCl 晶体马德隆常数为 2ln2。

2.2.5 NaCl 晶体的平衡间距、结合能和体变模量

对于 NaCl 晶体,通过平衡时的数学关系 $U'(r_0)=0$,可推导出平衡状态时 Na 离子和 Cl 离子的平衡间距和结合能为

$$r_0=\left(\frac{nB}{A}\right)^{\frac{1}{n}}$$

$$W=\frac{N\alpha e^2}{4\pi\varepsilon_0 r_0}\left(1-\frac{1}{n}\right)$$

实验中,要获得离子晶体的结合能,还需要确定 n。n 一般与离子球的刚度相关,通常通过体积弹性模量

$$K=-V\frac{\mathrm{d}p}{\mathrm{d}V}$$

确定。其中,$-\frac{V}{\mathrm{d}V}$为相对体积变化,p 为压力,由热力学定律可知

$$\mathrm{d}U=-p\mathrm{d}V, K=\left(V\frac{\mathrm{d}^2U}{\mathrm{d}V^2}\right)_{V_0}$$

式中,V_0 为平衡时离子晶体的体积。对于 NaCl 晶体,$V=2Nr^3$,N 为原胞数。通过计算可得

$$K=(n-1)\frac{\alpha e^2}{4\pi\varepsilon_0\times 18r_0^4}$$

由此可算出 n 值。对于离子晶体,n 值一般在 6~10 之间(见表 2-4),NaCl 晶体的 n 值为 7.77。

表 2-4 典型离子化合物的平衡间距、体弹模量、相互作用能及 n 值

	r/Å	$K/10^{10}$ Pa	U_{exp}/(kJ · mol^{-1})	U_{theo}/(kJ · mol^{-1})	U_{coul}/(kJ · mol^{-1})	n
NaCl	2.82	2.40	−765	−753	−861	7.77
KBr	2.99	1.99	−729	−711	−813	8.09
KCl	3.15	1.75	−693	−680	−771	8.69
KBr	3.30	1.48	−662	−650	−735	8.85
RbCl	3.29	1.56	−668	−662	−741	9.13
RbBr	3.43	1.30	−638	−632	−711	9

注:U 为每 mol 的原胞内的相互作用能。

2.3 共价性结合

2.3.1 共价性结合及特征

两个或多个原子共同使用它们的外层电子,在理想情况下达到电子饱和的状态,由此组成比较稳定的化学结构,像这样由几个相邻原子通过共用电子并与共用电子之间形成的一种强烈作用叫作共价性作用。共价性作用存在于亚金属、聚合物、非金属材料中。要形成共价性作用,对于原子是有一定要求的。一方面,两个原子对电子的束缚能力相同或相近;另

一方面，各自贡献一个电子。

共价性作用具有饱和性和方向性。在共价键的形成过程中，因为每个原子所能提供的未成对电子数是一定的，一个原子的一个未成对电子与其他原子的未成对电子配对后，就不能再与其他电子配对，即每个原子能形成的共价键总数是一定的，这就是共价键的饱和性。除 s 轨道是球形的以外，其他原子轨道都有其固定的延展方向，所以共价键在形成时，轨道重叠也有固定的方向，共价性作用的方向总是在电子云密度最大的方向。

2.3.2 共价晶体物理性质与键合关系

金刚石、Si 晶体、Ge 晶体的键合作用主要为共价性作用，是典型的共价晶体。共价晶体具有高熔点、高硬度、脆性大、热导率高等特点，在绝对零度不导电。它们表现出的物理性质，同样与键合作用相关（见表 2-5）。

表 2-5 共价晶体物理性质与键合作用的关系

物理性质	共价性结合特点
熔点高、硬度高	结合能高
脆性大	共价性作用具有方向性，而位错会破坏共价性作用的方向性
绝对零度不导电	所有的电子都参与了共价性作用，没有自由电子

2.3.3 共价性结合的量子理论

以氢分子晶体为例的量子理论，可以很好地解释共价性作用。

两个自由状态的氢原子 A、B，其薛定谔方程可表示为

$$\left(-\frac{\hbar}{2m}\nabla^2+V_A\right)\varphi_A=\varepsilon_A\varphi_A$$

$$\left(-\frac{\hbar}{2m}\nabla^2+V_B\right)\varphi_B=\varepsilon_A\varphi_B$$

式中，V_A、V_B 为氢原子 A、B 中电子受到的势场；φ_A、φ_B 为电子波函数；ε_A、ε_B 为电子波函数。当两个电子形成共价键后，两个原子中的电子 1 和电子 2 被两个原子共用（见图 2-4）。此时，薛定谔方程变为

$$\left(-\frac{\hbar}{2m}\nabla_1^2-\frac{\hbar}{2m}\nabla_2^2+V_{A1}+V_{A2}+V_{B1}+V_{B2}+V_{12}\right)\psi=E\psi$$

式中，V_{A1}、V_{A2} 代表 A 原子对电子 1、2 的势场；V_{B1}、V_{B2} 代表 B 原子对电子 1、2 的势场；V_{12} 代表电子之间的相互作用能。由于 V_{12} 相对于原子核对电子尺长较小，可以忽略。可将该薛定谔分解成单电子薛定谔方程，总波函数与单电子波函数的关系为 $\psi=\psi_1\psi_2$，单电子薛定谔方程分别为

$$\left(-\frac{\hbar}{2m}\nabla_1^2+V_{A1}+V_{B1}\right)\psi_1=\varepsilon_1\psi_1$$

$$\left(-\frac{\hbar}{2m}\nabla_2^2+V_{A1}+V_{B2}\right)\psi_2=\varepsilon_2\psi_2$$

选取分子轨道波函数为电子波函数的线性叠加：

$$\psi_+=C_+(\varphi_A+\varphi_B)$$

$$\psi_-=C_-(\varphi_A-\varphi_B)$$

这样，形成了两个不同的轨道，即

$$\varepsilon_+=\frac{\int\psi_+^*H\psi_+\mathrm{d}\tau}{\int\psi_+^*\psi_+\mathrm{d}\tau}=2C_+^2(H_{aa}+H_{ab})$$

$$\varepsilon_-=\frac{\int\psi_-^*H\psi_-\mathrm{d}\tau}{\int\psi_-^*\psi_-\mathrm{d}\tau}=2C_-^2(H_{aa}-H_{ab})$$

式中，H_{ab} 代表电子与原子核的引力势，为负值。ε_+代表成键态能量，形成共价键后，能量降低（见图 2-5）。在成键态轨道上的电子（见图 2-6），根据泡利不相容原子，电子自旋方向相反。ε_-代表成键态能量，能量上升。处于反键态轨道上的电子（见图 2-7），电子自旋方向相同。

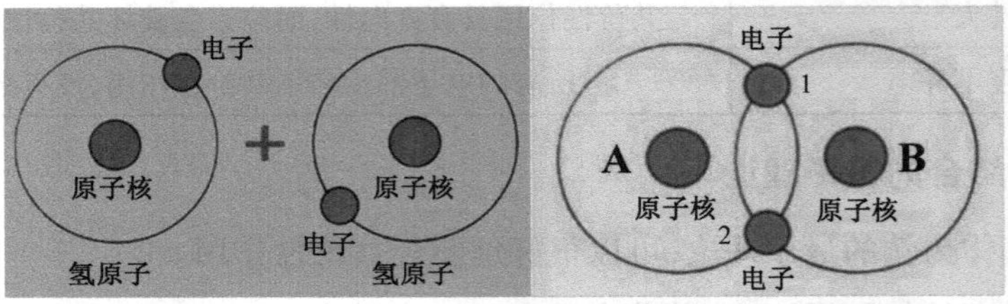

图 2-4　分子轨道模型图

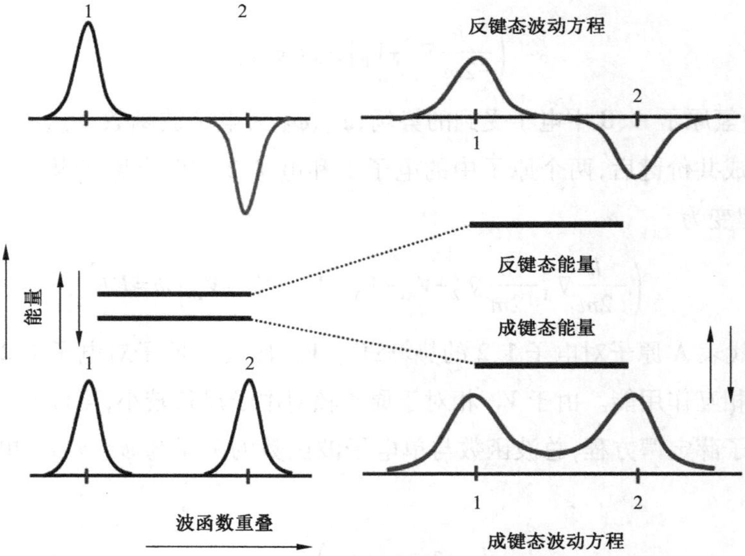

图 2-5　成键态、反键态的示意图

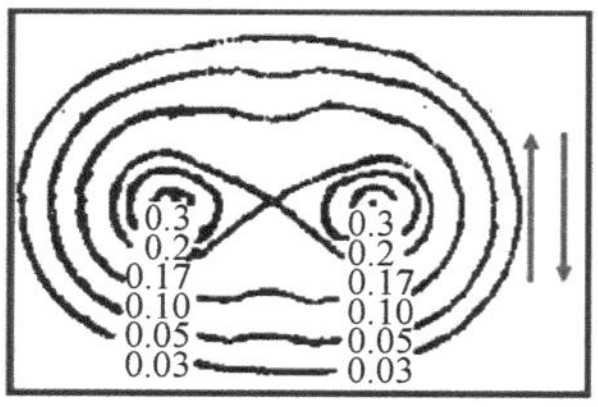

图 2-6　氢分子成键态电子密度示意图，电子云之间重叠，显示形成了强的共价作用

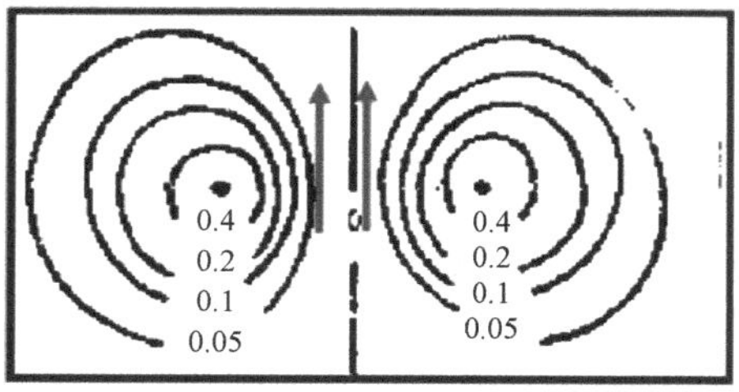

图 2-7　氢分子反键态电子密度示意图

2.3.4　轨道杂化

碳原子 2p 层有 2 个电子，根据共价键理论，可形成共价键的个数应为 2 个，形成的键合应处于 p-p 轨道，键角为 180°。但实际上，在金刚石中，形成的共价键为 4 个，键角却为 109°28′。这是什么原因呢？

鲍林认为，这是因为发生了 sp^3 轨道杂化。原子在形成共价键时，趋向于将不同类型的原子轨道重新组合，组成的新原子轨道（见图 2-8）。要形成杂化轨道，必须满足以下要求：

（1）轨道能量相近。

（2）形成杂化轨道数目等于参加杂化的原子轨道数目。

（3）成键能力增强。

轨道杂化不光发生在金刚石中，也发生在很多材料中。以 $BaTiO_3$ 为例，存在 Ti 原子 4d 轨道和 O 原子 2p 轨道的杂化。

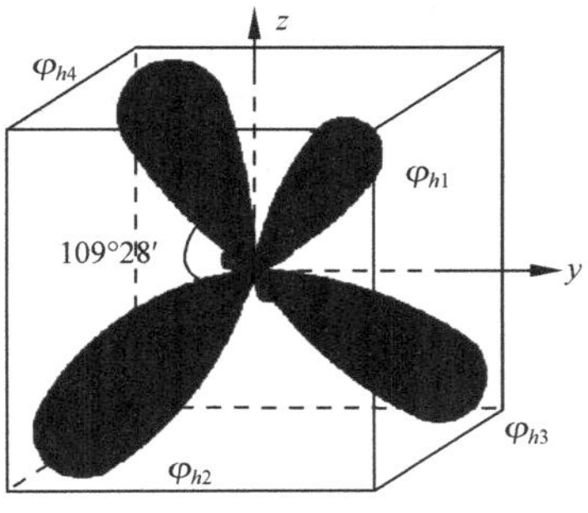

图 2-8　金刚石 sp^3 杂化轨道示意图

2.3.5 原子吸引电子的能力——电负性

鲍林提出,电负性是元素的原子在化合物中吸引电子能力的标度。元素电负性数值越大,表示其原子在化合物中吸引电子的能力越强;反之,电负性数值越小,相应原子在化合物中吸引电子的能力越弱(稀有气体原子除外)。电负性大于1.8,一般认为是非金属,电负性小于1.8,一般认为是金属。

图2-9给出了鲍林获得的元素的电负性周期表。元素的电负性变化表现出周期性规律。

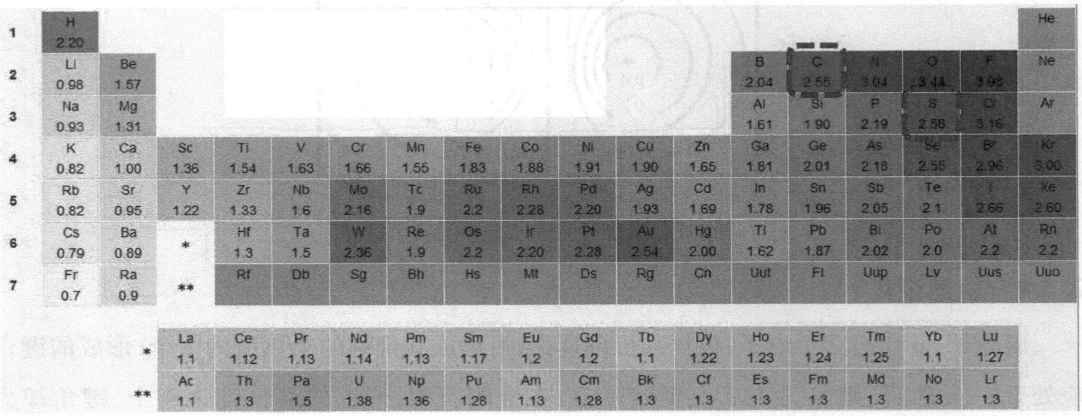

图2-9 鲍林给出的原子电负性周期表

(1) 随着原子序号的递增,元素的电负性呈现周期性变化。

(2) 同一周期,从左到右元素电负性递增,同一主族,自上而下元素电负性递减。对副族而言,同族元素的电负性也大体呈现这种变化趋势。因此,电负性大的元素集中在元素周期表的右上角,电负性小的元素集中在左下角。

(3) 电负性越大的非金属元素越活跃,电负性越小的金属元素越活泼。氟的电负性最大(4.0),是最容易参与反应的非金属;电负性最小的金属元素(0.79)铯是最活泼的金属。

(4) 过渡元素的电负性值无明显规律。

纯离子性作用或纯共价性作用的晶体是很少的。很多晶体表现出离子性作用和共价性作用的共存,重要的问题往往是评估一个键合有多大程度是离子性的或共价性的(见表2-6)。一般而言,两个原子的电负性差值越大,离子性比例就越高;两个原子的电负性差值越小,共价性比例就越高。

表 2-6 一些非金属晶体离子性比例与电负性的关系

晶体	离子性比例	电负性 1	电负性 2	电负性差值	晶体	离子性比例	电负性 1	电负性 2	电负性差值
金刚石	0	2.55			CdO	0.79	1.69	3.44	1.75
Si	0	1.90			CdS	0.69	1.69	2.58	0.89
Ge	0	2.01			CdSe	0.70	1.69	2.55	0.86
SiC	0.18	1.9	2.55	0.65	CdTe	0.67	1.69	2.1	0.41
ZnO	0.62	1.65	3.44	1.79	InP	0.42	1.78	2.19	0.41
ZnS	0.62	1.65	2.58	0.93	InSb	0.32	1.78	2.05	0.27
ZnSe	0.63	1.65	2.55	0.9	GaAs	0.31	1.81	2.18	0.37

2.3.6 原子(离子)半径

晶体中原子之间距可以通过X射线衍射精确测得,其精度一般可以达到$1/10^5$。原子半径这一概念在讨论和预测原子间距时是非常有用的。例如,对于目前尚不能通过合成获得的物相,其可能存在的晶格常量则可以根据原子半径的加和性(additive property)进行估算和预测。此外,通过比较晶格常量的观测值与预测值,还常常可以推断组成原子的电子组态。

根据图2-10给出的Na^+和F^-的离子半径预测值,推定NaF晶体中的原子间距为0.95 Å+1.36 Å=2.31 Å,而其观测值为2.32 Å,可见二者非常吻合。如果采用Na和F中性原子构象进行计算,则推及NaF晶体中的原子间距为2.58 Å。显然,这一结果不如前一预测值与实验值的吻合性好。

碳原子半径为0.77 Å,硅原子半径为1.17 Å。在金刚石中,C之间的距离为1.54 Å,刚好是两个碳原子的距离;在具有同样结构的硅晶体中,原子间距的一半为1.17 Å。在SiC晶体中,每个原子被4个异类原子所围绕;如果把刚才给出的C和Si的半径相加,则可推测C—Si键长为1.94 Å,这与该键长的观测值1.89 Å接近。

现在考察$BaTiO_3$晶体,它在室温下具有四方相,空间群为P4mm,晶格常数为$a=b=3.992$ Å,$c=4.036$ Å,每个Ba^{2+}离子有12个最靠近的O^{2-}离子,因此其配位数为12;每个Ti^{4+}离子有6个最靠近的O^{2-}离子,因此其配位数为6。由香农半径公式,O^{2-}离子半径为1.40 Å,Ti^{4+}离子半径为0.605 Å,推断出Ti—O距离应为2.105 Å。进一步地,通过XRD测试,精确获得了Ti—O的最短距离为1.86 Å,远低于预测值2.105 Å,实际上,$BaTiO_3$的铁电性与Ti—O共价相关。通过理论态密度计算,认为Ti—O之间产生了3d-2f杂化轨道(见图2-11)。

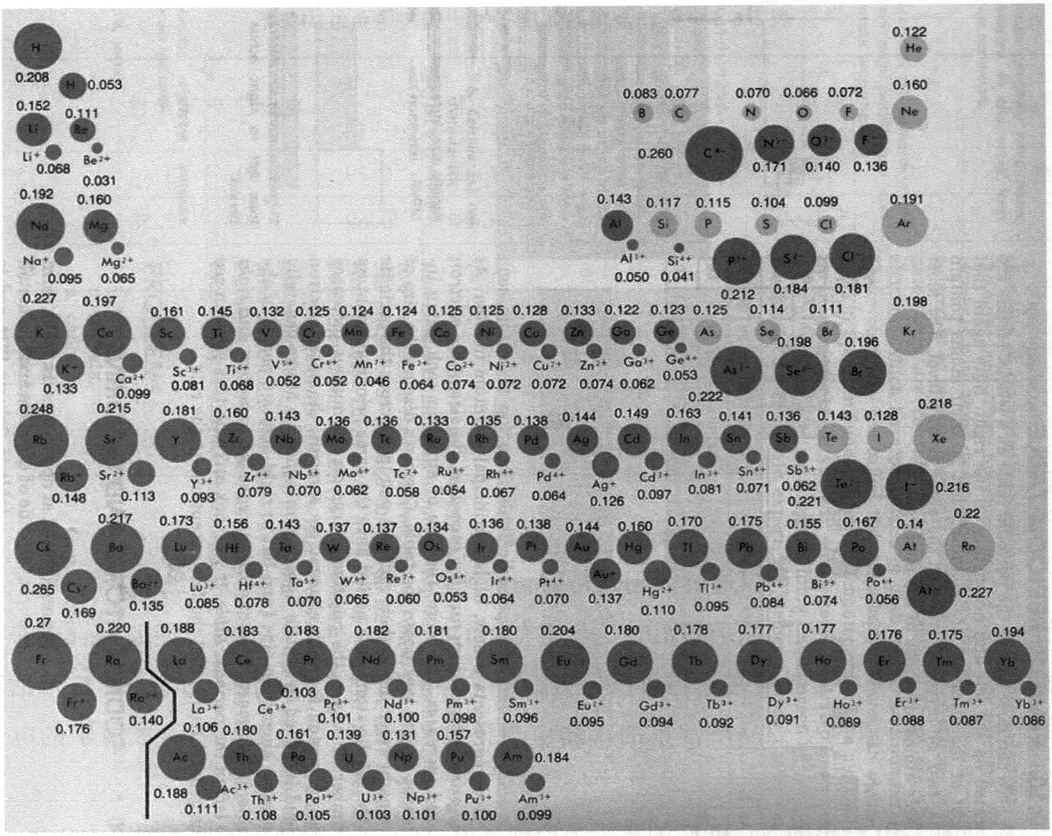

图 2-10　原子和离子半径周期表

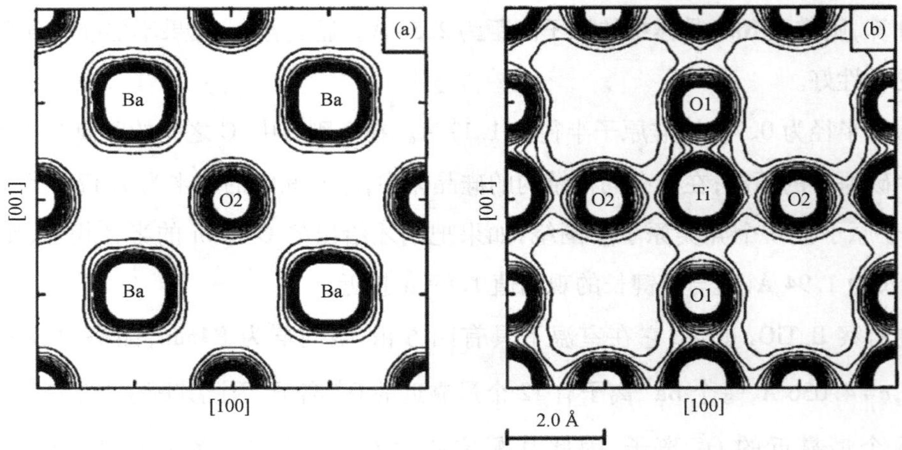

图 2-11　$BaTiO_3$ 中 Ba—O 和 Ti—O 的电荷密度图

$BiFeO_3$ 是一种非常有趣的多铁性材料，同时具有铁电性和反铁磁性，铁电居里温度为 ~850 ℃，铁磁奈尔温度为 ~370 ℃。室温下，$BiFeO_3$ 表现出三方钙钛矿结构，空间群为 R3c。无论是理论，还是实验，均发现 $BiFeO_3$ 表现出超高的自发极化强度（>100 μC/cm^2）。那么，其来源是什么呢？12 配位的 Bi^{3+} 的半径为~1.30 Å，因此，Bi—O 的预测距离为 2.71 Å。通过 XRD 测试，确定了 Bi—O 键的距离为 2.271 Å。显然，Bi—O 键长远低于预测值，说明 Bi^{3+} 沿[111]方向产生了大的位移（见图 2-12），偏离位置远大于 $BaTiO_3$ 中的 Ti^{4+}。这是因为 Bi—O 之间产生了强于 Ti—O 的共价键。$BiFeO_3$ 的超强铁电性正来自于此。

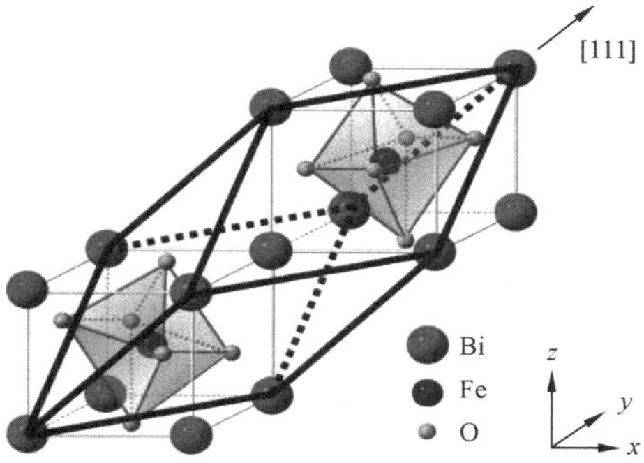

图 2-12　$BiFeO_3$ 的晶体结构示意图

2.4　金属性结合

2.4.1　金属性结合及特征

Ⅰ族、Ⅱ族元素及过渡元素均可形成典型的金属晶体，最外层电子一般为 1~2 个，组成晶体时每个原子最外层电子为所有原子所共有。1916 年，荷兰物理学家洛伦茨提出，金属性结合可采用自由电子云模型解释（见图 2-13）。在金属晶体中，金属失去价电子形成带正电的离子；原来属于各个原子的价电子不再束缚在某个原子内，而在整个晶体范围内的正离子间隙堆积的空隙中自由运动，成为共有化电子，被整个晶体所共有，称为自由电子云。正离子之间固然相互排斥，但可在晶体中自由运行的电子能吸引晶体中所有的正离子（见图 2-14），把它们紧紧地“结合”在一起。

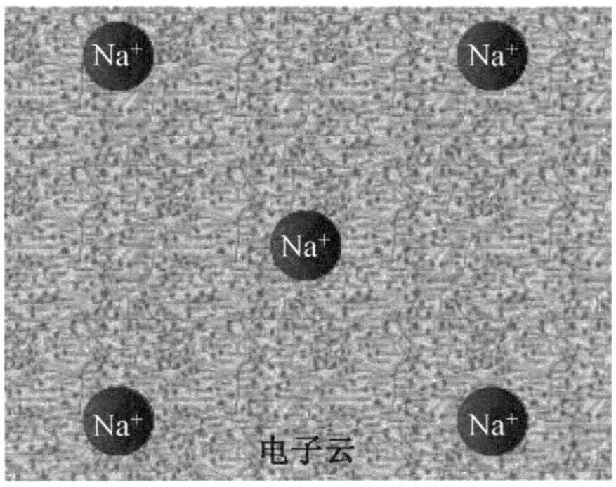

图 2-13　金属的自由电子云模型

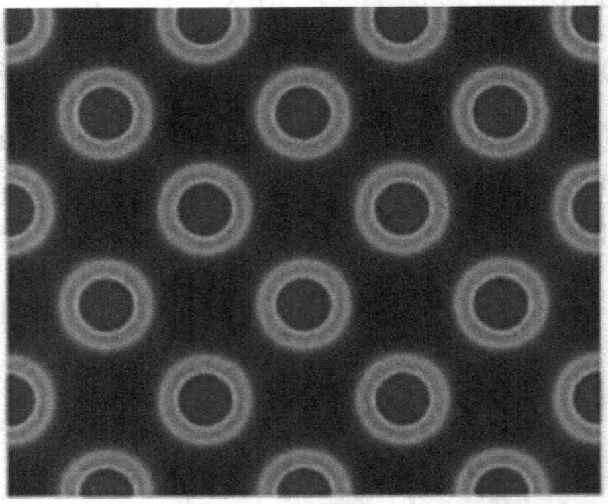

图 2-14　金属 Fe 的电荷密度图，失去价电子的 Fe^{3+} 的电荷壳层为球形

根据上述模型可以看出金属键没有方向性和饱和性。这个模型可定性地解释金属的机械性能和其他通性。金属键是在一块晶体的整个范围内起作用的，因此要断开金属比较困难，但金属键没有方向性，原子排列方式简单，重复周期短（这是由于正离子堆积得很紧密）。

2.4.2　金属物理性质与键合关系

对于金属，表现出如下物理性质，同样，和金属键合存在很大关联（见表 2-7）。

（1）在结构上表现出密堆积的面心立方、密排六方结构或者配位数次之的体心立方。

（2）强度大，熔点高。

（3）韧性好。

（4）导电性好。

（5）有金属光泽，不透明。

需要指出的是，经典的自由电子气模型仍是有局限性的，例如，无法解释 Ag 的导电性为何强于 Al。

表 2-7　金属物理性质与金属性结合特点的关系

物理性质	金属性结合特点
在结构上表现出密堆积的面心立方、密排六方结构或者配位数次之的体心立方	对原子的排列无特殊的要求，只要求排列尽可能紧密
强度大，熔点高	金属键结合力强
韧性好	无方向性、无饱和性，对原子排列没有特殊要求，可容纳大量位错
导电性好	存在大量价电子
有金属光泽，不透明	被电子散射，被电子吸收

2.5　范德瓦耳斯结合与氢键结合

2.5.1　范德瓦耳斯结合

1873年，范德瓦耳斯提出在实际气体分子中，两个中性分子间存在着"分子力"，这种结合称之为范德瓦耳斯结合。一般认为，范德瓦耳斯结合来源于瞬时偶极矩的作用，相对于离子性结合、共价性结合、金属性结合，作用力要弱得多。在形成范德瓦耳斯结合时，往往产生于原来具有稳固电子结构的原子或分子之间，具有满壳层结构的惰性气体元素或价电子已用于形成共价键的饱和分子。它们结合为晶体时基本上保持着原来的电子结构，无方向性，也无饱和性（见图2-15）。

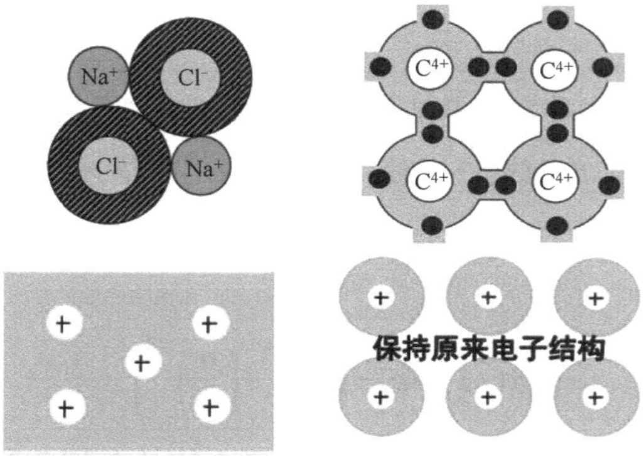

图2-15　离子性结合、共价性结合、金属性结合和范德瓦耳斯结合的电子结构示意图

2.5.2　分子晶体及其物理性质

分子晶体　分子晶体指分子间通过范德瓦耳斯结合（又名分子间作用力）构成的晶体。大多数非金属元素晶体（卤素 X_2、氧气 O_2、硫 S_8、氮气 N_2、白磷 P_4、C_{60} 等）、氢化物晶体、非金属氧化物（如 CO_2、SO_2、P_4O_6、P_4O_{10} 等）均为典型的分子晶体。由于范德瓦耳斯结合特点，分子晶体一般表现出如下物理性质（见表2-8）。

第一，具有较低的熔点、沸点，硬度小、易挥发，许多物质在常温下呈气态或液态。

第二，延展性好。

第三，在固态和熔融状态时都不导电。

表2-8　分子晶体物理性质与范德瓦耳斯结合特点的关系

物理性质	范德瓦耳斯结合特点
具有较低的熔点、沸点，硬度小、易挥发	结合力弱
延展性好	无方向性
在固态和熔融状态时都不导电	分子保持稳定电子结构，无自由电子

2.5.3 范德瓦耳斯相互作用能

假设有两个以范德瓦耳斯结合的原子,距离为 r。对于原子 1,瞬时偶极矩为 $\boldsymbol{p}_1$,在 r 处将产生感生电场,电场大小正比于$\frac{p_1}{r_3}$。原子 2 将在感应电场作用下产生感应偶极矩,偶极矩大小正比于 $p_2=\alpha E$。两个偶极矩的相互作用能为

$$\frac{p_1 p_2}{r^3}=\frac{p_1^2}{r^6}$$

这样,引力能项对应的指数 $m=6$。对于斥力能项,一般取 $m=12$。这样,两个原子的范德瓦耳斯相互作用能就可以表示为

$$u(r)=\left(-\frac{A}{r^6}+\frac{B}{r^{12}}\right)$$

式中,A、B 为经验常数。上式称之为勒纳·琼斯势,最早由数学家约翰·勒纳·琼斯于 1924 年提出。由于其解析形式简单而被广泛使用,特别是用来描述惰性气体分子间相互作用尤为精确。定义参数 ε,σ,并使 $4\varepsilon\sigma^6=A, 4\varepsilon\sigma^{12}=B$,可将勒纳·琼斯势改写成更为整齐的形式:

$$u(r)=4\varepsilon\left[-\left(\frac{\sigma}{r}\right)^6+\left(\frac{\sigma}{r}\right)^{12}\right]$$

式中,ε,σ 可由气态数据给出。如果有 N 个原子,则晶体的总相互能可以表示为

$$U(r)=2\varepsilon N\left[-A_6\left(\frac{\sigma}{r}\right)^6+A_{12}\left(\frac{\sigma}{r}\right)^{12}\right]$$

由于相互作用能被两个原子共有,因此,乘了 1 个系数 1/2。上式中,A_{12} 与 A_6 为与原子结构相关的常数(见表 2-9),和马德隆常数类似。不过,A_{12} 与 A_6 收敛要迅速得多。

下面以简单立方为例,给出 A_{12} 与 A_6 的求法。

对于简单立方,每个原子最近邻有 6 个原子,只考虑最近邻原子,得到的 A_6 与 A_{12} 均为 6。

若同时考虑次近邻原子,次近邻的原子数为 12,次近邻距离为$\sqrt{2}r$,此时,总相互作用能可表示为

$$U(r)=2\varepsilon N\left[-6\left(\frac{\sigma}{r}\right)^6-12\left(\frac{\sigma}{\sqrt{2}r}\right)^6+6\left(\frac{\sigma}{r}\right)^{12}+12\left(\frac{\sigma}{\sqrt{2}r}\right)^{12}\right]$$

所以,有

$$A_6=6+12\left(\frac{1}{\sqrt{2}}\right)^6=7.5$$

$$A_{12}=6+12\left(\frac{1}{\sqrt{2}}\right)^{12}=6.1875$$

若还考虑第三近邻原子,第三近邻的原子数为8,第三近邻距离为$\sqrt{3}r$,此时,总相互作用能可表示为

$$U(r)=2\varepsilon N\left[-6\left(\frac{\sigma}{r}\right)^6-12\left(\frac{\sigma}{\sqrt{2}r}\right)^6-8\left(\frac{\sigma}{\sqrt{3}r}\right)^6+6\left(\frac{\sigma}{r}\right)^{12}+12\left(\frac{\sigma}{\sqrt{2}r}\right)^{12}+8\left(\frac{\sigma}{\sqrt{3}r}\right)^{12}\right]$$

所以,有

$$A_6=6.187\,5+8\left(\frac{1}{\sqrt{3}}\right)^6=7.796\,3$$

$$A_{12}=6.187\,5+8\left(\frac{1}{\sqrt{3}}\right)^{12}=6.198\,5$$

此时,得到的A_{12}已接近收敛值。

表 2-9　三种立方格子的 A_6 和 A_{12}

结构	A_6	A_{12}
简单立方	8. 40	6. 20
体心立方	12. 25	9. 11
面心立方	14. 45	12. 13

与离子性结合类似,通过对相互作用能函数求极值,可得到平衡间距、相互作用能及体变模量。

2. 5. 4　氢键结合

氢键存在于氢原子与电负性大、半径小的原子(O,F,N)之间,其中与一个结合较强,具有共价键性质,通常用符号"—"表示。此时H原子核露在外边,显示正电性(见图2-16)。另一个靠静电库仑作用结合即氢键,通常用符号"…"表示。氢键的结合能是2~8千卡,是一种比范德瓦耳斯力强,比共价键和离子键弱很多的相互作用。其稳定性弱于共价键和离子键。

氢键不同于范德瓦耳斯结合,它具有饱和性和方向性。由于氢原子特别小而原子A和B比较大,所以A—H中的氢原子只能和一个B原子结合形成氢键。同时由于负离子之间的相互排斥,另一个电负性大的原子B′就难以再接近氢原子,这就是氢键的饱和性。某些分子铁电体的铁电性来源与氢键相关。

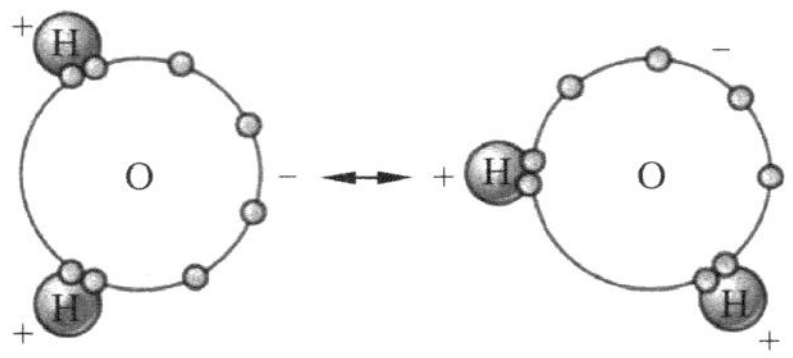

图 2-16　氢键示意图

【习题】

1. 证明:两个粒子要稳定结合在一起,必须满足 $n>m$。

2. 已知 NaCl 的体弹模量为 2.4×10^{10} Pa,根据 NaCl 的体弹模量估算斥力能项指数 n(马德隆常数 $\alpha=1.748$)。

3. 试计算 1 mol 的 NaCl 原胞的相互作用能(马德隆常数 $\alpha=1.748, n=7.77$)。

4. 对于 1 维 NaCl 晶体($2N$ 个离子),其最近邻的排斥能可表示为$\dfrac{A}{r^n}$,证明在平衡间距下,相互作用能可表示:

$$U(r_0)=-\frac{2N(\ln2)q^2}{r_0}\left(1-\frac{1}{n}\right)$$

5. 已知某晶体中任一原子与最近邻原子之间的相互作用势均可以表示为 $u(r)=\left(-\dfrac{\alpha}{r^m}+\dfrac{\beta}{r^n}\right)$,其中 m,n,α,β 都是>0 的常数。

(1) 只考虑最近邻相互作用,写出由 N 个相同原子组成的该晶体的总相互作用能 U_0 表达式。

(2) 计算其体弹模量(假设晶体体积为 $V=NAr_0^3$,A 为与晶格类型相关的常数)。

6. 试计算分别考虑最近邻原子、次近邻原子和第三近邻原子后得到的面心立方、体心立方结构的勒纳·琼斯势的 A_6 与 A_{12}。

7. 用勒纳·琼斯势计算 Ne 在 bcc 和 fcc 结构中的结合能之比值。

8. 相距为 r 的两惰性气体原子,相互作用能可表示为

$$u(r)=4\varepsilon\left[\left(\frac{\sigma}{r}\right)^{12}-\left(\frac{\sigma}{r}\right)^{6}\right]$$

以$\dfrac{r}{\sigma}$为横坐标,$\dfrac{u}{4\varepsilon}$为纵坐标,画出相互作用能曲线。

9. 对于 H_2,从气体的测量得到勒纳·琼斯势参数为 $\varepsilon=50\times10^{-6}$ J,$\sigma=2.96$ Å 计算 fcc 结构的 H_2 结合能(以 kJ/mol 为单位),每个氢分子可当作球形来处理. 结合能的实验值为 0.751 kJ/mol,试与计算值比较。

第3章　晶格振动

晶体中的原子实际上不是静止在晶格平衡位置上，而是围绕平衡位置作微振动，称为晶格振动。晶格振动与材料的热容、热传导、热膨胀、介电常数、铁电性质等都有重要的联系。本章通过讲解经典模型的晶格振动、晶格热容和非谐振作用，旨在希望学生建立起晶格振动和材料热学性能的内在联系。从历史角度看，尽管德拜模型和一维双原子链模型是同年建立的，但学界最开始关注的是德拜模型，因为其解决了困扰物理学家已久的低温热容问题。但是，从逻辑上看，应该先建立晶格振动的物理概念。因此，本教材大致沿袭了黄昆《固体物理学》教材的脉络。

3.1　一维单原子链的晶格振动

晶格振动对于晶体的热学性能有着重要的影响。在晶体晶格振动研究过程中，为了在准确的同时，更方便地解决实际问题，必须进行两点近似。

（1）尽管在晶格振动中，同时还存在电子的运动。但由于电子的质量远小于离子实。因此，可以忽略电子的运动，仅考虑离子实的振动。

（2）在晶格振动过程中，存在所有原子的相互作用能，但是，最近邻原子之间的相互作用最大。因此，只考虑最近邻原子之间的相互作用，该近似最早由物理学家马克斯·玻恩在1912年解决一维双原子链的晶格振动问题时提出。

下面，我们开始研究一维单原子链的晶格振动问题。

力学模型　假设存在一维单原子链，原子的总个数为 N，最近邻原子的距离为 a。在晶格振动的作用下，每个原子都相对平衡位置产生一定位移，假设第 n 个原子产生的位移为 μ_n，第 $n+1$ 个原子产生的位移为 μ_{n+1}（见图 3-1）。在晶格振动的影响下，第 n 个原子和第 $n+1$ 个原子的距离变为 $a+\mu_{n+1}-\mu_n$。相对于平衡距离 a，产生了 δ 的位移（$\delta=\mu_{n+1}-\mu_n$）。

力学方程　要获得晶格振动的力学方程，首先需要给出考虑晶格振动的相互作用力或相互作用能的表达。通过物理原理，很难给出考虑晶格振动后原子相互作用力或相互作用能的具体表达方式。但由于相对振动距离比平衡距离小很多。这样，可以通过泰勒公式给出相互作用能的表达，即

$$U(a+\delta)=U(a)+U'(a)\delta+\frac{U''(a)\delta^2}{2}+\cdots$$

式中，$U(a)$为平衡状态（绝对零度）下的原子相互作用能；$U(a+\delta)$为考虑晶格振动后的相互作用能。由于在平衡状态下，相互作用能取最小值，这样，其一阶导数 $U'(a)=0$，而二阶导数 $U''(a)>0$。忽略相互作用能导数三阶及以上高次项的作用，采用简谐近似，可将相互作用能改写为

$$U(a+\delta)=U(a)+\frac{U''(a)\delta^2}{2}$$

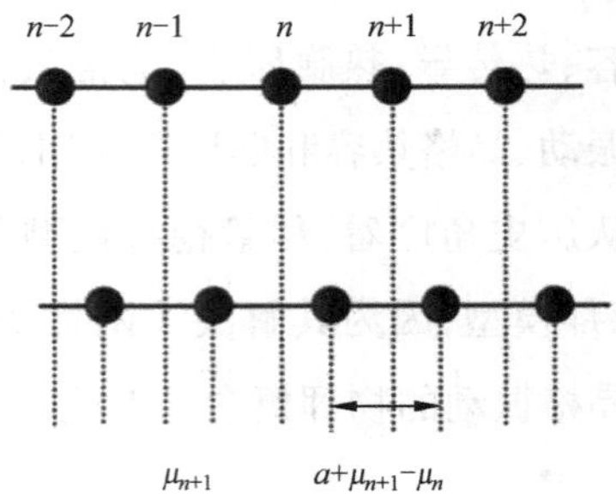

图 3-1　一维单原子链模型图

根据经典物理学知识，相互作用力可通过相互作用能给出，即

$$f=-\beta\mu$$

式中，$\beta=U''(a)$。这样，第 n 个原子受到第 $n-1$ 个原子的作用力 $f_1=-\beta(\mu_n-\mu_{n-1})$ 和第 n 个原子的作用力 $f_2=-\beta(\mu_{n+1}-\mu_n)$，总作用力为 f_1-f_2，我们就获得了一维单原子链的力学方程：

$$m\ddot{\mu}_n=-\beta(2\mu_n-\mu_{n+1}-\mu_{n-1})$$

式中，β 为原子之间的相互作用力常数。对于所有的原子，都有类似上式的振动方程，方程数目与原子的数目相同。

色散关系　假设晶格振动中原子的相对位移具有简谐振动的函数表达，可表示为

$$\mu_n=Ae^{i(\omega t-naq)}$$

式中，A 代表振幅；naq 表示 n 个原子的位相因子；q 代表振动波矢，其数值为$\frac{2\pi}{\lambda}$，其方向代表了格波的传播方向。将上述试探解代入一维单原子链的力学方程，可得到

$$-m\omega^2=-\beta(2-e^{iaq}-e^{iaq})=-\beta(2-2\cos aq)=-4\beta\sin^2\frac{aq}{2}$$

这样，我们获得了如下的波矢与频率的关系，称之为色散关系（见图 3-2），

$$\omega=2\sqrt{\frac{\beta}{m}}\left|\sin\frac{aq}{2}\right|$$

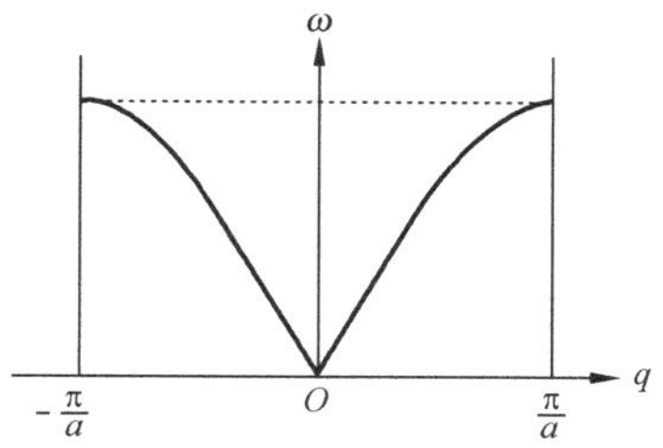

图 3-2　一维单原子链的色散关系示意图

晶格振动是以行波的形式在晶体中传播的,称之为格波。与连续介质波不同,格波的传播不是连续的,相邻两个原子的位相差为 na。色散关系与 n 无关,说明 N 个方程有同样的结果,即一个格波中是所有原子均做频率为 ω,振幅为 A 的振动。

格波行为　由色散关系可知,格波的频率满足

$$0<\omega\leqslant 2\sqrt{\frac{\beta}{m}}$$

即只有频率 ω 在$\left(0,2\sqrt{\frac{\beta}{m}}\right)$范围的格波,才能在晶体中传播。利用这种性质,可以获得低通滤波器。

图 3-3 给出了一维单原子链的晶格振动示意图,其中,箭头向上代表原子向右振动,箭头向下代表原子向左振动。可以看出,当原子之间的距离为$\frac{2\pi}{q}$的整数倍时,两个原子的振动情况完全一致。

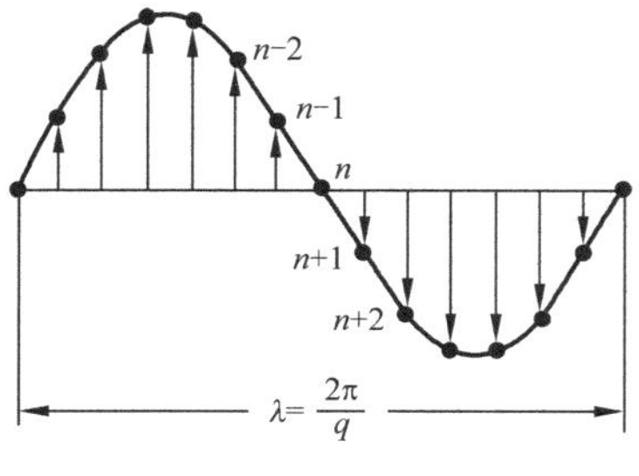

图 3-3　一维单原子链的晶格振动示意图

格波的周期性(布里渊区)　考虑两列传播方向相同的格波,格波 1 的波矢大小为$\frac{\pi}{2a}$,格波 2 的波矢大小为$\frac{5\pi}{2a}$。

对于格波 1,波长为 $4a$,相邻原子的位相差为$\frac{\pi}{2}$,色散关系为 $2\sqrt{\frac{\beta}{m}}\sin\frac{\pi}{4}$,对于格波 2,波长为$\frac{4a}{5}$,色散关系为 $2\sqrt{\frac{\beta}{m}}\sin\frac{\pi}{4}$,相邻原子的位相差为 $2\pi+\frac{\pi}{2}$。两列波尽管波矢大小和

波长不同,但振动情况完全一致,这是什么原因呢?

实际上,这来自于色散关系的周期性,容易得到

$$\omega(q)=\omega\left(1+\frac{2\pi}{a}\right)$$

可将 q 限制在$\frac{2\pi}{a}$的线度内。$\frac{2\pi}{a}$正好对应于一维单原子链的倒格子基矢量大小。考虑到对称性问题,我们可将 q 限制在$\left(-\frac{\pi}{a},\frac{\pi}{a}\right]$的范围内,即限制在倒格子空间的第一布里渊区内。

玻恩-卡门边界条件 需要注意的是,上述的讨论是将一维原子链看作无限长的原子链来处理的,这样所有原子都是等价的,每个原子的力学方程和振动情况均为相同的。在实际晶体中,边界上的原子与内部原子不同,力学方程不适用,如何处理边界问题呢?玻恩和卡门提出,采用周期性条件可解决边界问题(见图 3-4)。可假设有限晶体的外形为立方体,以它为重复单元弧线互相平行堆积充满整个空间,则在相同的晶体内部对应原子的情况相同。对于一维单原子链,可看成首尾相接的环形链。它保持了所有原子具有等价性的特点。这样,对于第 n 个原子,它的振动情况与第 $n+N$ 个原子的振动情况相同,即

$$\mu(n+N)=\mu(n)$$

将玻恩-卡门条件代入 $\mu_n=Ae^{i(\omega t-naq)}$ 可得

$$q=\frac{2\pi l}{Na}$$

将 q 限定在第一布里渊区内,可知$-\frac{N}{2}<l\leqslant\frac{N}{2}$,即 q 具有 N 种取法,每种取法代表 1 个格波,有 N 种不同的晶格振动模式。每个波矢代表点的长度为倒格子基矢量长度的$\frac{1}{N}$。

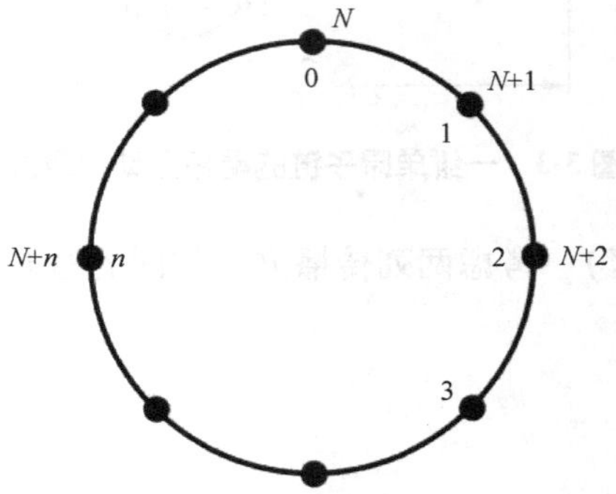

图 3-4 一维单原子链的玻恩-卡门条件

长波近似($q\to0,\lambda\gg a$) 当 q 趋于 0 时,相邻原子的位相差接近于 0,此时,格波为准连续的。色散关系满足:

$$\omega=\sqrt{\frac{\beta}{m}}a|q|$$

即频率与波矢的关系为线性的，与弹性波性质相同，即长波近似下，格波的行为近似为连续介质的弹性波（见图 3-5）。

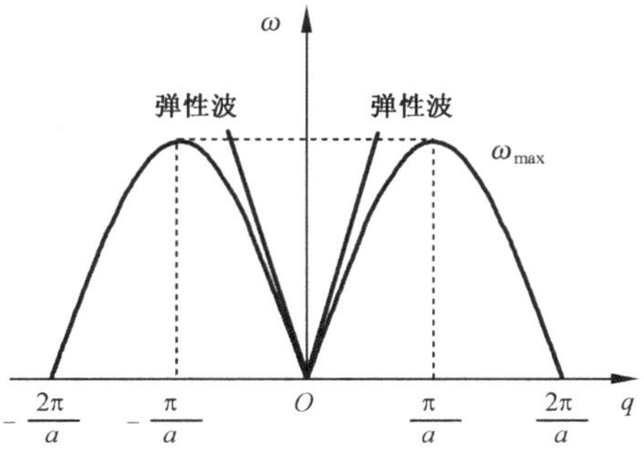

图 3-5　长波近似下的色散关系

短波近似（$q\to\frac{\pi}{a}$）　当 q 趋于 $\frac{\pi}{a}$ 时，频率取最大值 $2\sqrt{\frac{\beta}{m}}$。相邻原子的位相差为 π，位相相反（见图 3-6），代表原子的相对振动。

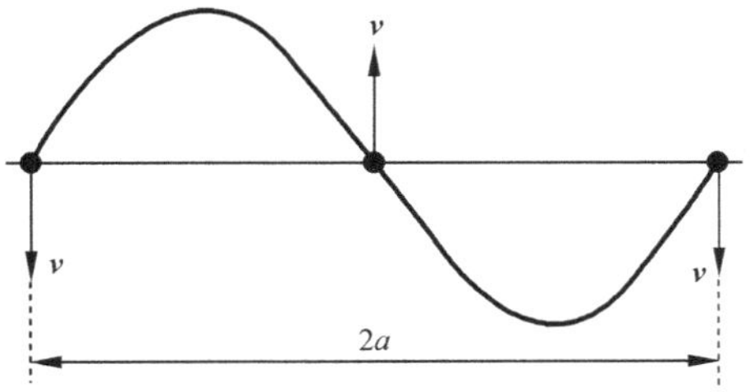

图 3-6　短波近似下的晶格振动，相邻原子的位相差相反

课外扩展 5　晶格振动理论的建立过程

晶格振动的研究起源于对固体热学的研究。1819 年法国科学家 P. L. 杜隆和 A. T. 珀替测定了许多单质的比热容之后，发现：比热容和原子量的乘积就是 1 mol 原子的温度升高 1 ℃所需的热量，称为原子热容。为了纪念这两位物理学家，这个定律被称为杜隆-珀替定律，即“大多数固态单质的原子热容几乎都相等”。杜隆-珀替定律出现在道尔顿原子论问世不久，原子量数据还处于混乱的年代，杜隆和珀替大胆地按此定律修正了一批元素的原子量。如当时公认锌的原子量为 129，按原子热容定律修正为 64.5，这和现代精确的原子量 65.39 很相近。又如当时公认银的原子量为 379，按原子热容修正为 108，这和现在的银原子量 107.868 2 很相近。对铅、金、锡、铜、镍、铁、硫等元素的原子量，也都有类似的修订。此外还有一些元素如锂、钠、钾、钙、镁等，它们没有挥发性的化

合物,确定原子量过程中常用的气体密度法无法采用,所以它们的原子量约值也是由原子热容定律确定的。这个定律虽然只能确定原子量的约值,但它是与一般化学分析方法迥然不同的物理方法,它为统一原子量提供了独特的信息。正确的原子量是发现周期律的依据,所以杜隆-珀替定律起过重要的历史作用。

随后,基于热力学统计物理的能量均分定律,可解释杜隆-珀替定律。然而,随着实验技术的发展,物理学家发现,固体的热容在低温下偏离了杜隆-珀替定律,并随温度下降迅速下降,在绝对零度时,热容为0。采用经典物理学理论,无法解释固体低温热容问题。19世纪末,法国科学家阿尔伯特·迈克尔逊指出,物理学的大厦已经基本建成,后面的工作应该转战到更精密的物理测量上("While it is never safe to affirm that the future of Physical Science has no marvels in store even more astonishing than those of the past, it seems probable that most of the grand underlying principles have been firmly established and that further advances are to be sought chiefly in the rigorous application of these principles to all the phenomena which come under our notice。It is here that the science of measurement shows its importance — where quantitative work is more to be desired than qualitative work。An eminent physicist remarked that the future truths of physical science are to be looked for in the sixth place of decimals")。但是,经典物理中能量均分定律既不能解释黑体辐射,又无法解释低温热容,成为漂浮在物理学天空的两朵乌云之一。1901年,普朗克提出量子化假说,量子力学诞生。

作为量子力学的贡献者之一,爱因斯坦引入了谐振子量子化的概念,认为原子振动具有量子化特征,并且谐振频率相同。通过爱因斯坦模型,解释了热容随温度下降趋于0的特点。但由于爱因斯坦模型过于简单,在描述低温行为时与实验值存在明显差别。1912年,美籍荷兰物理化学家彼得·约瑟夫·威廉·德拜(见图3-7)在德文杂志 *Annalen der Physik* 上发表学术论文,认为原子的振动可以看作不同频率振动的叠加。此时,就涉及一个问题,那么不同频率的振动,应该满足什么样的分布呢?需要指出的是,当年并没有晶格振动模式密度的概念。德拜巧妙地引入了电磁振动模式密度。而电磁振动模式密度,已经在普朗克推导黑体辐射公式上用到。事实上,电磁振动模式密度和晶格振动模式密度具有相同的表达方式。通过德拜模型模拟的Al热容与温度的关系,结果和实验符合得很好(见图3-8)。后来,随着精确测量手段的发展,德拜模型又和实验发生了偏差,原因是什么呢?

图 3-7　彼得·约瑟夫·威廉·德拜(1884—1966,美籍荷兰物理化学家)

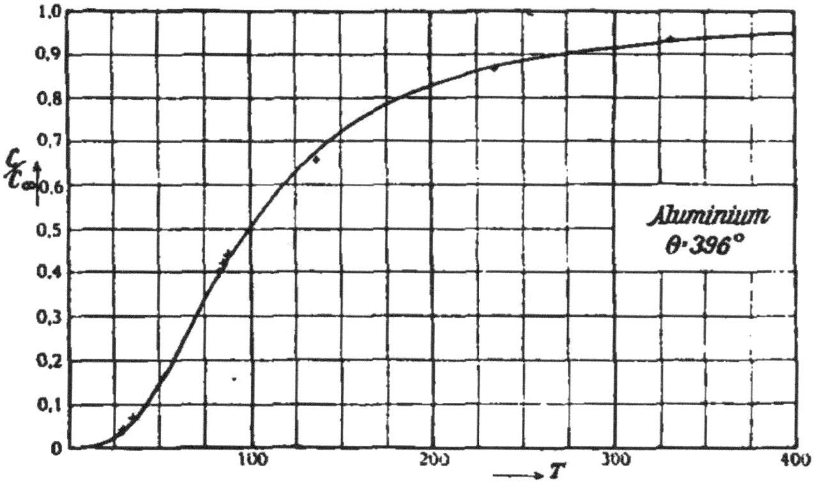

图 3-8　德拜论文中计算的 Al 的热容与温度的关系,与实验值符合得很好

答案其实也在当年给出。德国科学家马克斯·玻恩(见图 3-9)在 1912 年和卡门(见图 3-10)发表了一篇德文论文《论晶体点阵振动》("Uber Schwingungen im Raumgitter"),主要贡献包括:(1)在仅考虑最近邻原子相互作用的基础上得到了双原子晶格的振动方程;(2)引入了晶格振动的简正模(normal modes),并首次引入了色散关系的概念;(3)首次引入周期性边界条件(即现在著名的玻恩-冯·卡门边界条件),为精确获得波矢的表达式提供了基础;(4)将振动分为代表晶胞整体运动的低频声学支(acoustic branch)和代表晶胞内部形变的高频光学支(optical branch,见图 3-11);(5)获得了热容的表达式。正是高频光学波的行为,导致了德拜模型与实验的偏离。虽然这一工作从更加贴近固体微观振动的实质角度描述了复杂晶体的热容,但德拜模型在保证精度的同

时更加简洁、易于理解,因此在当时科学界中传播和影响更加广泛。不过玻恩和冯·卡门的工作深刻揭示了固体中晶格振动的特点,最终得到了物理学家的认可。

玻恩的贡献不止建立了晶格振动学,他还是量子学理论的奠基人之一。玻恩师从著名物理学家约瑟夫·约翰·汤姆逊。1925—1926 年,他与沃尔夫冈·泡利、维尔纳·海森堡和帕斯库尔·约尔当一起发展了现代量子力学(矩阵力学)的大部分理论。1926年,他发表了波函数的概率诠释,后来成为"哥本哈根解释",即波函数的平方并不代表振幅,而是代表了粒子出现的概率。除此之外,玻恩还是我国著名科学家黄昆和程开甲的导师,和黄昆合著了《晶格动力学理论》。1936 年,玻恩被纳粹剥夺了德国国籍。1939年,玻恩加入了英国国籍,并一直在爱丁堡大学任教到退休。1954 年,玻恩因对量子力学的基础性研究尤其是对波函数的统计学诠释获得了诺贝尔物理学奖。

图 3-9　马克斯·玻恩(1882—1970,物理学家,出生于德国,后加入美国国籍)

图 3-10　西奥多·冯·卡门(1881—1963,航天工程学家,出生于匈牙利,后加入美国国籍)

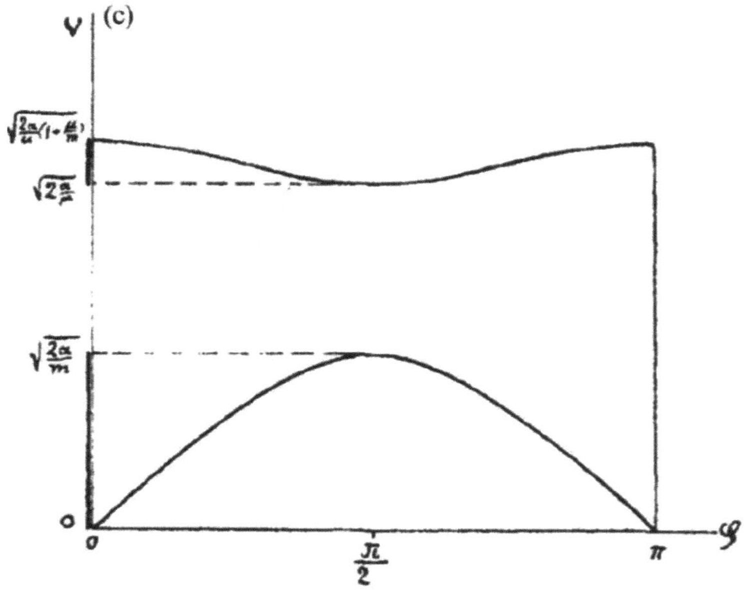

图 3-11　《论晶体点阵振动》给出的一维双原子链的色散关系，给出了声学支和光学支

3.2　一维双原子链的晶格振动

力学模型　假设存在一维双原子链，两个原子交叉排列，质量分别为 m 和 M，原子的总个数为 $2N$，最近邻原子的距离为 a，原胞长度变为 $2a$。在晶格振动的作用下，每个原子都相对平衡位置产生一定位移。质量为 m 的原子位于 $2n-2$，$2n$ 和 $2n+2$ 处，产生的位移分别为 μ_{2n-2}，μ_{2n} 和 μ_{2n+2}（见图 3-12）。质量为 M 的原子位于 $2n-1$，$2n+1$ 和 $2n+3$ 处，产生的位移分别为 μ_{2n-1}，μ_{2n+1} 和 μ_{2n+3}。

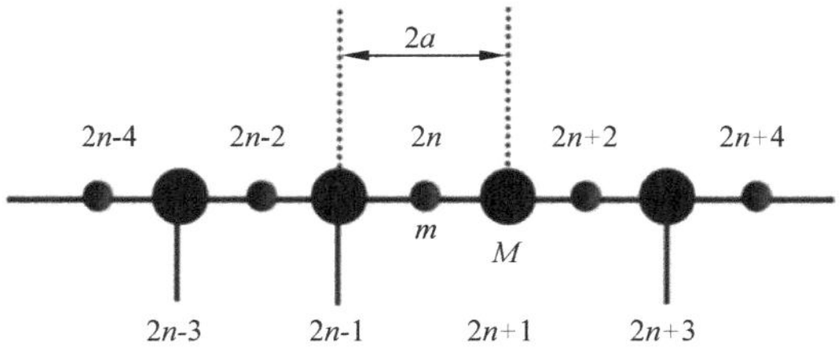

图 3-12　一维双原子链模型

力学方程　A 原子和 B 原子交叉排列，只考虑最近邻原子的作用，则所有原子的相互作用能，都有相同的表达。也就是说，所有原子的作用力的系数相同，均为 β。与上节类似，我们可得到两个力学方程：

$$m\ddot{\mu}_{2n}=-\beta(2\mu_{2n}-\mu_{2n+1}-\mu_{2n-1})$$

$$M\ddot{\mu}_{2n+1}=-\beta(2\mu_{2n+1}-\mu_{2n}-\mu_{2n+2})$$

色散关系　但由于这两个原子的质量不同，因此振幅不同。假设 A 原子和 B 原子的振

幅分别为 A 和 B,那么,方程的解的行为应为

$$\mu_{2n}=Ae^{i(\omega t-2naq)}$$

$$\mu_{2n+1}=Be^{i[\omega t-(2n+1)aq]}$$

将上述试探解代入力学方程,可得

$$(2\beta-m\omega^2)A-[2\beta\cos(aq)]B=0$$

$$-[2\beta\cos(aq)]A+(2\beta-M\omega^2)B=0$$

根据线性代数知识,要使得 A,B 有解,必须使其系数的行列式为 0,即

$$\begin{vmatrix} 2\beta-m\omega^2 & -2\beta\cos(aq) \\ -2\beta\cos(aq) & 2\beta-M\omega^2 \end{vmatrix}=0$$

这样,我们可得到如下方程:

$$(2\beta-m\omega^2)(2\beta-M\omega^2)-4\beta\cos^2(aq)=0$$

解方程,可得

$$\omega^2=\beta\frac{m+M}{mM}\left\{1\pm\left[1-\frac{4mM}{(m+M)^2}\sin^2(aq)\right]^{1/2}\right\}$$

与一维单原子方程最大的不同,是我们得到了两种色散关系(见图 3-13),即存在两支不同的格波。其中,频率较大的格波称之为光学波,频率较小的格波称之为声学波。其中,光学波的色散关系表达如下:

$$\omega_+^2=\beta\frac{m+M}{mM}\left\{1+\left[1-\frac{4mM}{(m+M)^2}\sin^2(aq)\right]^{1/2}\right\}$$

声学波的色散关系表达如下:

$$\omega_-^2=\beta\frac{m+M}{mM}\left\{1-\left[1-\frac{4mM}{(m+M)^2}\sin^2(aq)\right]^{1/2}\right\}$$

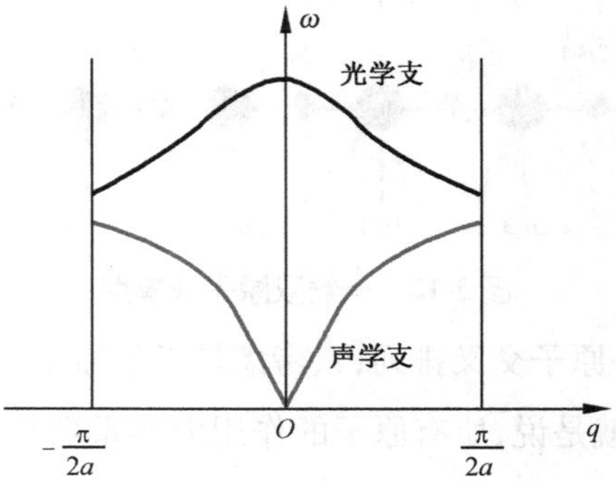

图 3-13　一维双原子链的色散关系

格波的周期性(布里渊区)　由色散关系,可知:

$$\omega(q)=\omega(q+G),G=\frac{\pi l}{a}$$

因此,和一维单原子链的晶格振动类似,可将波矢限制在倒格子空间的第一布里渊区内,即

$$-\frac{\pi}{2a}<q\ll\frac{\pi}{2a}$$

第一布里渊区的线度为$\frac{\pi}{a}$,和倒格子基矢量的长度相同。

玻恩-卡门边界条件　引入玻恩-卡门边界条件,容易得到

$$\mu_{2n}=\mu_{2(n+N)}$$

将试探解代入,就可得到波矢的表达式:

$$q=\frac{\pi l}{Na}\left(-\frac{N}{2}<l\ll\frac{N}{2}\right)$$

即第一布里渊区内有 N 个波矢,对应 $2N$ 个晶格振动模式,包括 N 个光学波振动模式,N 个声学波振动模式。

长声学波行为　对于长声学波,当 $q\to0$ 时,$\frac{4mM}{(m+M)^2}\sin^2(aq)\to0$。利用近似关系$\sqrt{1-x}=1-\frac{x}{2}$,可将色散关系化为

$$\omega_-=\left(\frac{2\beta}{m+M}\right)^{\frac{1}{2}}|aq|$$

即频率与波矢 q 关系具有线性关系,和弹性波行为近似。而两个原子的振幅相互关系可通过力学方程$(2\beta-m\omega^2)A-[2\beta\cos(aq)]B=0$ 给出,即

$$\left(\frac{B}{A}\right)_{\omega_-}=\frac{2\beta-m\omega^2}{2\beta\cos(aq)}=1$$

通过上式可知,两个原子振幅一样,相邻两原子位相差趋于0。因此,一维双原子链的长声学波和一维单原子链的长声学波已没有明显区别。一维双原子链的长声学波的行为可看作两个原子整体的振动,即原胞质心的振动。

长光学波的行为　对于长光学波,当 $q\to0$ 时,可将色散关系化为

$$\omega_+=\sqrt{\frac{2\beta(m+M)}{mM}}$$

定义折合质量$\mu=\frac{mM}{m+M}$,色散关系可进一步化简为

$$\omega_+=\sqrt{\frac{2\beta}{\mu}}$$

此时,频率取最大值。两个振幅的关系同样可通过力学方程给出,即

$$\left(\frac{B}{A}\right)_{\omega_+}=\left[\frac{2\beta-m\omega^2}{2\beta\cos(aq)}\right]_{\omega_+}=\left[\frac{2\beta-\frac{2\beta(m+M)}{M}}{2\beta}\right]_{\omega_+}=-\frac{m}{M}$$

此时,相邻的两个不同种原子振动方向相反。描述两原子之间的相对运动,在离子晶体中具有重要的意义。一方面,电磁波可与离子晶体的长光学波发生作用,产生共振,从而导致对远红外光的强烈吸收。另一方面,两原子之间的相对运动,可产生电偶极矩,导致离子极化。离子晶体的介电常数,主要由离子极化贡献。

短波限 对于短声学波,在 $q\to\frac{\pi}{2a}$ 时,有

$$\omega_-^2=\beta\frac{m+M}{mM}\left\{1-\left[1-\frac{4mM}{(m+M)^2}\sin^2(aq)\right]^{\frac{1}{2}}\right\}$$

$$=\frac{\beta}{mM}\{(m+M)-(M-m)\}=\frac{2\beta}{M}$$

即对于短声学波,$\omega_-=\sqrt{\frac{2\beta}{M}}$。

同理,对于短光学波,在 $q\to\frac{\pi}{2a}$ 时,

$$\omega_+^2=\beta\frac{m+M}{mM}\left\{1+\left[1-\frac{4mM}{(m+M)^2}\sin^2(aq)\right]^{\frac{1}{2}}\right\}$$

$$=\frac{\beta}{mM}\{(m+M)+(M-m)\}=\frac{2\beta}{m}$$

这样,可得到一维双原子链声学波的范围频率为 $0<\omega_-\leqslant\sqrt{\frac{2\beta}{M}}$;而光学波的频率范围则为 $\sqrt{\frac{2\beta}{m}}\leqslant\omega_+<\sqrt{\frac{2\beta(m+M)}{mM}}$。而在频率范围为 $\sqrt{\frac{2\beta}{M}}<\omega<\sqrt{\frac{2\beta}{m}}$ 时,不存在格波,称之为频率隙。一维双原子链的这种行为,可以用作带通滤波器。

3.3 三维晶格振动

二维简单格子的晶格振动方程 为了更易理解三维晶格振动的情况,我们首先以二维格子为例,推导其晶格振动方程,并将其推广至三维晶格。在二维简单格子中,原胞中仅包含一个原子。由于相互作用能涉及沿基矢量 α、β 方向的位移,则相互作用能可表示为

$$U(r_0+\delta_\alpha+\delta_\beta)=U(r_0)+\frac{U_\alpha''\delta_\alpha^2}{2}+\frac{U_\beta''\delta_\beta^2}{2}+U_{\alpha\beta}''\delta_\alpha\delta_\beta$$

在 α 方向上的受力,可表示为

$$f_\alpha = -U_\alpha''\delta_\alpha - U_{\alpha\beta}''\delta_\beta = -C_{\alpha\alpha}\delta_\alpha - C_{\alpha\beta}\delta_\beta$$

在 β 方向上的受力，可表示为

$$f_\beta = -U_\beta''\delta_\beta - U_{\alpha\beta}''\delta_\alpha = -C_{\beta\beta}\delta_\alpha - C_{\alpha\beta}\delta_\beta$$

对于二维简单格子，第 l_1 行，第 l_2 列的试探解 μ_α，μ_β 可表示为

$$\mu_\alpha(\boldsymbol{R}_l) = A_\alpha e^{i(\omega t - \boldsymbol{q}\cdot\boldsymbol{R}_l)}$$

$$\mu_\beta(\boldsymbol{R}_l) = A_\beta e^{i(\omega t - \boldsymbol{q}\cdot\boldsymbol{R}_l)}$$

在 α 方向上的力学方程就可以写成

$$m\ddot{\mu}_\alpha = c_{11}\mu_\alpha + c_{12}\mu_\beta$$

式中，c_{11} 和 c_{12} 分别代表近邻原子作用系数，表达比较复杂，但不必详细给出。

在 β 方向上的力学方程就可以写成

$$m\ddot{\mu}_\beta = c_{21}\mu_\alpha + c_{22}\mu_\beta$$

式中，c_{21} 和 c_{22} 分别代表近邻原子作用系数。进一步计算可得

$$(m\omega^2 - \lambda_{11})A_\alpha + \lambda_{12}A_\beta = 0$$

$$\lambda_{21}A_\alpha + (m\omega^2 - \lambda_{22})A_\beta = 0$$

要使 A_α、A_β 有解，需使其对应的系数行列式

$$\begin{vmatrix} m\omega^2 - \lambda_{11} & \lambda_{12} \\ \lambda_{21} & m\omega^2 - \lambda_{22} \end{vmatrix} = 0$$

上式对应的 ω 有两个解。可以证明，当 $q \to 0$ 时，$\omega = 0$。

二维简单格子的晶格振动方程的推广　对于原胞中的原子数为 s 个的二维复式格子，结合二维简单格子的晶格振动及一维双原子链的晶格振动，可推广到，对应的力学方程的个数应为 $2s$ 个，方程的解也为 $2s$ 个，存在声学波的支数为 2 支，光学波的支数为 $2s-2$ 支。在二维晶格振动中，同时存在与振动方向平行的纵波和与振动方向垂直的横波，纵波和横波的比例为 1∶1。

对于原胞中仅有 1 个原子的三维简单格子，对应的力学方程的个数应为 3 个，存在声学波的支数为 3 支，不存在光学波。而对于原胞中有 s 个原子的三维复式格子，对应的力学方程的个数应为 $3s$ 个，存在声学波的支数为 3 支，存在光学波的支数为 $3s-3$ 支。在三维晶格振动中，纵波和横波的比例为 1∶2。

波矢的周期性　以三维晶格振动，假设原胞中有 s 个原子，位矢量为 $\boldsymbol{R}_l$ 的原胞内第 k 个原子的试探解可表示成

$$\boldsymbol{\mu}\begin{pmatrix} \boldsymbol{k} \\ l \end{pmatrix} = \boldsymbol{A}_k e^{i(\omega t - \boldsymbol{R}_l\cdot\boldsymbol{q})}$$

将 $\boldsymbol{q}$ 移动 $\boldsymbol{G}$，振动情况不变。因此，可将 $\boldsymbol{q}$ 限制在由倒格子基矢量围成的平行六面体内。

玻恩-卡门边界条件　以三维晶格振动为例，引入玻恩-卡门边界条件，容易得到

$$\boldsymbol{\mu}(\boldsymbol{R}_l)=\boldsymbol{\mu}(\boldsymbol{R}_l+N_1\boldsymbol{a}_1)$$
$$\boldsymbol{\mu}(\boldsymbol{R}_l)=\boldsymbol{\mu}(\boldsymbol{R}_l+N_2\boldsymbol{a}_2)$$
$$\boldsymbol{\mu}(\boldsymbol{R}_l)=\boldsymbol{\mu}(\boldsymbol{R}_l+N_3\boldsymbol{a}_3)$$

将试探解$\boldsymbol{\mu}=\boldsymbol{A}_k\mathrm{e}^{\mathrm{i}(\omega t-\boldsymbol{R}_l\cdot\boldsymbol{q})}$代入，可得

$$\mathrm{e}^{\mathrm{i}N_1\boldsymbol{a}_1\cdot\boldsymbol{q}}=1$$
$$\mathrm{e}^{\mathrm{i}N_2\boldsymbol{a}_2\cdot\boldsymbol{q}}=1$$
$$\mathrm{e}^{\mathrm{i}N_3\boldsymbol{a}_3\cdot\boldsymbol{q}}=1$$

由上式可知，$\boldsymbol{q}=\dfrac{h_1}{N_1}\boldsymbol{b}_1+\dfrac{h_2}{N_2}\boldsymbol{b}_2+\dfrac{h_3}{N_3}\boldsymbol{b}_3$。通常可将格波波矢限定在$q$空间内，其基矢量分别为$\boldsymbol{b}_1$，$\boldsymbol{b}_2$和$\boldsymbol{b}_3$，即和倒格子基矢量取法相同。所谓$q$空间，是描述格波波矢的倒空间，包含了格波的所有状态。在q空间内，每个格点代表一个波矢状态。每个波矢代表点体积为倒格子基矢量围成的平行六面体体积的$\dfrac{1}{N}$。将q限定在倒格子基矢量围成的平行六面体内，则有

$$\begin{cases}\dfrac{-\boldsymbol{b}_1}{2}<\dfrac{h_1}{N_1}\boldsymbol{b}_1\leqslant\dfrac{\boldsymbol{b}_1}{2}\\[2ex]\dfrac{-\boldsymbol{b}_2}{2}<\dfrac{h_2}{N_2}\boldsymbol{b}_2\leqslant\dfrac{\boldsymbol{b}_2}{2}\\[2ex]\dfrac{-\boldsymbol{b}_3}{2}<\dfrac{h_3}{N_3}\boldsymbol{b}_3\leqslant\dfrac{\boldsymbol{b}_3}{2}\end{cases}$$

即

$$\begin{cases}\dfrac{-N_1}{2}<h_1\leqslant\dfrac{N_1}{2}\\[2ex]\dfrac{-N_2}{2}<h_2\leqslant\dfrac{N_2}{2}\\[2ex]\dfrac{-N_3}{2}<h_3\leqslant\dfrac{N_3}{2}\end{cases}$$

这样，存在N种不同的波矢，对应的格波个数应为$3sN$个，其声学波个数为$3N$个，光学波个数为$3sN-3N$个。事实上，把q的取值范围选为倒格子原胞并不是最方便的，通常，是将q限定在第一布里渊区内。表3-1给出了一维、二维和三维情况下的格波情况。

表 3-1　一维、二维、三维晶格振动的格波情况

模型	格波支数	声学波支数	光学波支数	格波个数	声学波个数	光学波个数
一维单原子链	1	1	0	N	N	0
一维双原子链	2	1	1	$2N$	N	N
二维简单格子	2	2	0	$2N$	$2N$	0
二维复式格子	$2s$	2	$2s-2$	$2sN$	$2N$	$2sN-2N$
三维简单格子	3	3	0	$3N$	$3N$	0
三维复式格子	$3s$	3	$3s-3$	$3sN$	$3N$	$3sN-3N$

课外扩展 6　黄昆——根深叶茂常青树

（选自《人民日报》2002 年 2 月 2 日第二版，有改动）

“我不是帅才，只是一个小兵。”82 岁的黄昆（见图 3-14）拿着我们的采访提纲，仿佛学生接受面试。

图 3-14　黄昆（1919—2005，中国科学院院士，中国固体物理学奠基人）

翻开履历，你会发现这位一身半旧的蓝咔叽布中山装、头戴绒线帽的老人实在是一位传奇人物：

——26 岁留学英国，6 年时间里连续提出“黄散射”“黄-里斯理论”“黄方程”，成为固体物理学界一颗耀眼新星；

——1951 年回国后致力于教书育人，为我国固体物理学和半导体物理学奠基，指导培养出莫党、秦国刚、甘子钊、夏建白、韩汝琦等一代杰出学科带头人；

——在邓小平同志的亲自关心下，年近花甲重返科研岗位，提出著名的“黄-朱模型”，解决了20多年来国际上相关理论存在的疑难，使我国半导体超晶格物理研究后来者居上，达到国际先进水平……

谈到眼下的工作，黄昆坦然间显出几分失落：“我现在每天实际上也就是坐办公室而已。做理论工作的到了70岁以后还想继续发展，很难。我没有能够超越这个限制。”

黄昆说自己的特点是到第一线做具体的研究工作，“如果不是亲自动手、直接参与，很难做出什么有创新性的成果。宣传报道对我们这种年纪大的人，总是习惯地认为都会站得比较高，我说那是帅才，我不属于那个范畴。”

1948年，玻恩邀黄昆合作，写一本“从量子力学最基本的原理出发，运用演绎的方法，推导出晶体结构和性质”的书。玻恩是量子力学的创始人，又是晶体点阵动力学的一代宗师。然而黄昆写作此书，却绝不只是综述玻恩的成果，而是将自己研究上的最新进展和独到见解融汇其中。玻恩看过黄昆写的部分手稿后，在给爱因斯坦写的信中说：“书稿内容已完全超越了我的理论，我能懂得年轻的黄昆以我们两人名义所写的东西，就很高兴了。”

这一风格贯穿于黄昆学术研究的始终。据合作者朱邦芬教授介绍，黄昆喜欢“从第一原理出发”，即先不看已有文献，独立地从最基本的概念开始研究，防止自己的思路受他人束缚，丧失应有的主动性。“这使得黄昆的研究工作往往具有学术上的开创性与重要性。一系列以他的姓氏命名的研究成果，即是例证。”

黄昆而立之年携夫人艾夫·里斯归国效力，就任北大物理系教授，开始了长达26年的教学生涯。

回顾这一段经历，黄昆承认，自己对科研工作更为向往，但因为是国家科学发展的需要，便“拿了做科研的态度去搞教学”。黄昆深感当时的教学传统“从书本到书本”，远离了教育的根本。于是他尝试将许多当时尚无定论的学科前沿动态，充实到教学中。他讲授普通物理，每周上3次课，6个学时，备课却要用50到60小时。

黄昆的授课有两大特色，一是“假定听讲人对所听问题一无所知且又反应较慢”，二是无论讲过多少次，每次都要重新备课，所以黄昆在北大所开的课程非常受欢迎。像夏建白院士等人，当年就是听过黄昆的讲课之后，从别的专业改投到他门下的。

1977年，58岁的黄昆骑着自行车，到中国科学院半导体研究所任所长。从1978年初开始，黄昆每星期抽出半天时间给全所科研人员讲授半导体物理的理论基础，前后整整讲了10个月。

黄昆对在半导体所的这一段工作所取得的成绩引以为豪：“刚调到这边来时，一个是自己的年龄问题，一个是所里当时的境况，我心里是无数的。但既然调过来了，就要努力。”

在学科规划方面，他动员半导体所的主要力量集中在超晶格问题上，有力地推动了全所乃至全国在这个新兴领域的工作。他带头提出的一系列新的理论，引起了国际学术界的普遍重视。1984年，英国圣母玛利亚大学授予他“理论物理弗雷曼奖”，“黄昆”这个名字再次在世界科学界焕发出耀眼的光彩。

3.4　布里渊区

在晶格周期性介质中传播的波，将其平移一个倒格子，不改变波的性质。根据此性质，法国科学家莱昂·尼古拉·布里渊(见图3-15)在1930年提出用倒格矢中垂面划分倒格子空间的区域。由此，布里渊区概念诞生。第一布里渊区是晶体倒格子的Wigner-Seitz原胞。布里渊区的重要性体现在:在晶格周期性介质中传播的波，均能在倒格子空间内的布里渊区内描述，如格波、电子波等。

图3-15　莱昂·尼古拉·布里渊(1889—1969，法国物理学家)

在倒格子空间中，取某一倒格点为原点，做所有倒格矢量的中垂面，这些平面将把倒格子空间分割成许多包围原点的多面体，其中离原点最近的多面体为第一布里渊区，离原点次近邻的多面体与第一布里渊区区域称为第二布里渊区，以此类推可得第三、第四等各个布里渊区。

二维空间的布里渊区　图3-16为二维正方格子和六方格子的第一布里渊区。可以看出，其第一布里渊区的形状分别为正方形和正六边形。

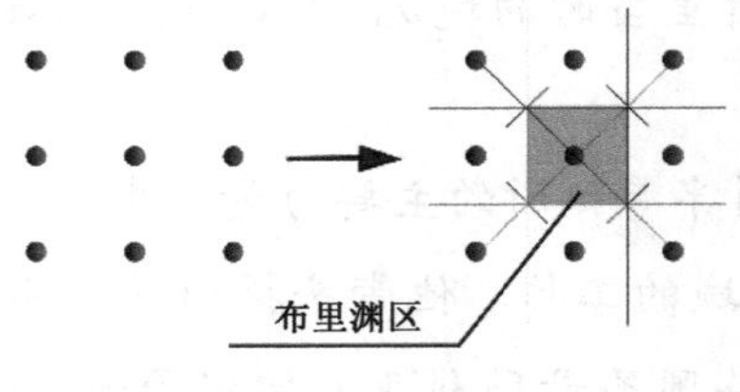

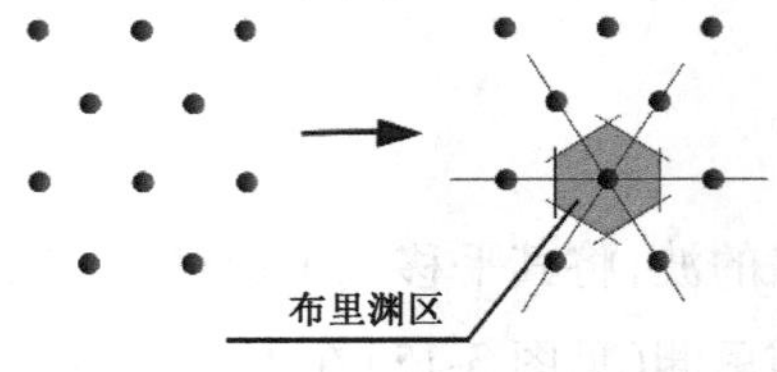

图 3-16　二维格子的第一布里渊区

简单立方的布里渊区　对于简单立方格子，其倒格子为简单立方。以其格点上某一点作相邻格点的垂直平分面，围成的图形仍为立方体。

面心立方的布里渊区　对于面心立方格子，其倒格子为体心立方。以其格点上某一点作相邻格点的垂直平分面，共有 8 个垂直平分面，与次近邻点的 6 个垂直平分面，围成了 1 个 14 面体，该 14 面体即为面心立方的第一布里渊区，如图 3-17 所示。

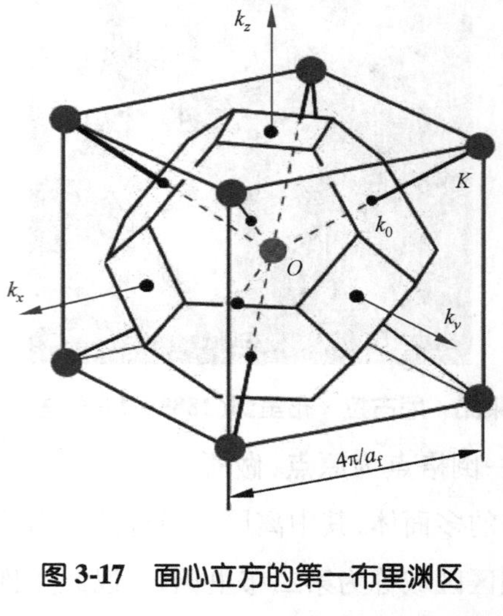

图 3-17　面心立方的第一布里渊区

体心立方的布里渊区　对于体心立方格子，其倒格子为面心立方。以其格点上某一点作相邻格点的垂直平分面，共有 12 个垂直平分面，围成了 1 个 12 面体，该 12 面体即为体心立方的第一布里渊区，如图 3-18 所示。

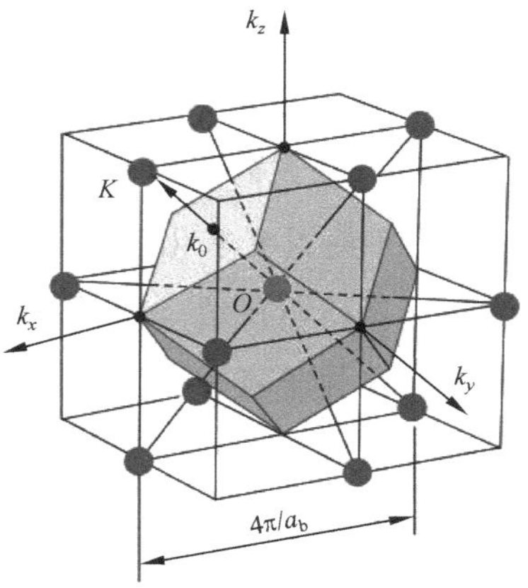

图 3-18　体心立方的第一布里渊区

布里渊区的性质　布里渊区具有如下两个性质：

（1）布里渊区内容纳的波矢的个数为 N。

（2）对于一维格子，各布里渊区的线度相等。对于二维格子，各布里渊区的面积相等。对于三维格子，各布里渊区的体积相等。

课外扩展 7　“两弹一星”元勋程开甲院士迎来百岁生日：报国何止一甲子

（选自澎湃新闻，有改动）

程开甲（见图 3-19），汉族，江苏吴江人，1918 年 8 月出生，1956 年 2 月加入中国共产党，1962 年 11 月入伍，原国防科工委科学技术委员会正军职常任委员、教授，中国科学院院士，我国著名理论物理学家。

图 3-19　程开甲（物理学家，“两弹一星”元勋，中国第一本《固体物理学》教材主编）

他是著名物理学家玻恩的弟子，主编了我国第一本《固体物理学》教材。他是我国核武器事业开创者、核试验科学技术体系创建者之一，先后参与和主持了首次原子弹、氢弹试验，以及“两弹”结合飞行试验等在内的多次核试验，为我国核武器事业发展创立了卓越功勋。20 世纪 50 年代，他放弃英国皇家化学工业研究所研究员的优厚待遇和条件，投笔从戎、走进大漠，投身于核武器研制试验。面对我国核试验准备初期，理论、技术均是一片空白的不利形势，他带领技术骨干夜以继日研究攻关，拟订原子弹爆炸试验总体方案，研制原子弹爆炸测试所需仪器设备，为我国首次核试验成功实施奠定了坚实基础。在之后的多次核试验中，他精心设计总体方案，亲自组织关键技术攻关，解决了场地选址、方案制定、场区内外安全以及工程施工等理论和技术难题。他还带出一支高水平人才队伍，培养出 10 位院士和 40 多位将军，取得了丰硕的科技成果。他先后获全国科学大会奖、国家科技进步奖特等奖、国家最高科学技术奖，1999 年被中共中央、国务院、中央军委授予“两弹一星功勋奖章”。

2017 年 7 月 28 日，在中国人民解放军建军 90 周年之际，中央军委在北京八一大楼隆重举行颁授“八一勋章”和授予荣誉称号仪式。中共中央总书记、国家主席、中央军委主席习近平给获得“八一勋章”的 10 位英模颁授了勋章和证书。这其中，就有程开甲院士。

1918 年 8 月 3 日，程开甲出生在江苏吴江盛泽镇一个“徽商”家庭。受吴文化崇教尚文影响，他的祖父程敬斋的最大愿望就是家里出一个读书做官的。程开甲还没出世，程敬斋就给未来长孙取名“开甲”，意即“登科及第”。

1931 年，程开甲考入浙江嘉兴秀州中学。这是一所著名的教会学校，陈省身、李政道等人都曾经在这里求学。在秀州中学，程开甲接受了 6 年具有中西合璧特色的基础教育和创新思维训练。

秀州中学图书馆有许多名人传记。伽利略、爱因斯坦、牛顿、法拉第、巴斯德、居里夫人、莱布尼茨、詹天佑等科学家的传记，程开甲全部借阅过。他后来回忆说：“可能就是在这个时候，我渐渐萌发了长大后也当科学家的理想。从此，我处处以科学家为榜样，沿着他们曾经走过的道路而努力。”

1937 年 7 月 7 日，卢沟桥的炮声打破了年轻学子心灵的宁静。程开甲和同学们认定，要救国，就得有本领。程开甲以优异成绩考取浙江大学物理系的公费生。在这所被称为“东方剑桥”的流亡大学，程开甲接受了竺可桢校长科学救国思想的熏陶，并遇到了束星北、王淦昌、陈建功和苏步青等大师。

大学三年级时，程开甲撰写的论文《根据黎曼基本定理推导保角变换面积的极小值》，得到陈建功和苏步青赏识并推荐给英国数学家 Tischmash 教授。这篇论文还被苏联的《高等数学教程》全文引用。

1944年10月，英国著名学者李约瑟访问浙江大学，带来了程开甲学术生涯的重要转折。当时，程开甲完成了论文《弱相互作用需要205个质子质量的介子》，提出存在一种新介子，并计算出新介子的质量为205个质子的质量。王淦昌将这篇论文推荐给李约瑟。李约瑟看了很高兴，还亲自对文稿修改润色，之后转交给狄拉克教授。狄拉克阅读后，给程开甲写了回信。但遗憾的是，狄拉克对基本粒子的看法有些偏执。在信中，他武断地认为"目前基本粒子已太多，不再需要更多的新粒子，更不需要重介子"，使文章未能发表。因为相信狄拉克的权威，而且此前，狄拉克已将程开甲撰写的论文《对自由粒子的狄拉克方程推导》推荐给《剑桥哲学杂志》发表，程开甲就放弃了对这个问题的进一步研究。后来，这方面的实验成果于1979年获得诺贝尔物理学奖，实验测得的粒子质量与程开甲当年的计算值基本一致。这件事，让程开甲遗憾终生。文章没发表，成为憾事，但与李约瑟的交往，开启了程开甲与国际物理学巨匠面对面对话的大门。

1946年，经李约瑟推荐，程开甲获得英国文化委员会奖学金，幸运地来到爱丁堡大学，成为被称为"物理学家中的物理学家"的玻恩的中国学生。玻恩一生中共带过4个中国学生，他们是：彭桓武、杨立铭、程开甲和黄昆。后来，他们都成为中国科学院院士。其中，程开甲、彭桓武被授予"两弹一星功勋奖章"，程开甲、黄昆成为国家最高科学技术奖得主。赴英国之初，程开甲原本想继续从事基本粒子研究，但一个偶然的机会，使他选择超导理论研究作为主攻方向。

那是1946年年底，他聆听了一场关于超导实验的报告(见图3-20)，对超导问题产生浓厚兴趣。他把超导元素和不超导元素进行归类，在动量空间勾画出它们各自的分布图，并发现了它们的分布规律。玻恩看到程开甲画的图，觉得很有道理，鼓励他继续研究下去。从此，程开甲对超导问题的研究一发不可收。短短几年间，他先后在英国的《自然》杂志、法国的《物理与镭》杂志，以及《苏联科学院报告》上，发表了5篇有分量的论文，并于1948年与玻恩共同提出超导"双带模型"。

1948年，物理学界在瑞士的苏黎世大学召开低温超导国际学术会议，程开甲和玻恩合写了一篇题为《论超导电性》的论文提交大会。会议召开时，玻恩因故不能前往，程开甲作为他的代表宣读论文。很巧，玻恩的学生、程开甲的师兄海森伯也参加了会议。由于观点针锋相对，程开甲与海森伯在会上争论起来。大会主席、著名物理学家泡利觉得非常有趣，主动提出："你们争论，我当裁判。"但吵了很久，公说公有理，婆说理更长。泡利实在难以裁决，就说："你们师兄弟吵架，为什么玻恩不来？这裁判，我也不当了。"从苏黎世回到爱丁堡后的第二天，程开甲向玻恩详细汇报了参加会议的情况。当程开甲介绍到在会上与海森伯"同室操戈"，泡利裁判"无能为力"时，玻恩显得格外兴奋。他不断插话,详细询问争论的细节,有时还对双方的观点作点评,有时则发出爽朗的笑声,为程开甲与海森伯精彩的争论叫好。看得出来,玻恩为自己拥有这样优秀的学生而自豪。就在这次谈话中,玻恩向程开甲讲述了爱因斯坦"离经叛道"的科学经历,以及爱因斯坦取得科学研究成功的个性特征。从玻恩的办公室出来后,程开甲感到自己在学术研究上经历了一场从未有过的洗礼——一场精神的洗礼。

图 3-20　1946 年,程开甲(左三)参加国际会议并与会议代表交流

多年后,程开甲回忆说:"这次会议连同这次谈话,对我影响很大。我理解,不迷信权威,敢于'离经叛道'、追求真理的精神,比物理成就和理论成就对人类的意义大得多。成就是有限的,而精神是永恒的。"

1948 年,程开甲获得爱丁堡大学博士学位。毕业后,玻恩推荐他担任英国皇家化学工业研究所研究员,年薪 750 英镑,这待遇在当时已经很高。

科学无国界,但科学家是有祖国的。1950 年,沐浴着新中国旭日东升的光芒和对海外学子的强烈呼唤,程开甲谢绝了玻恩的挽留,回到了阔别已久的祖国。

程开甲回国前的一天晚上,玻恩和他彻夜长谈,知道他决心已定,就叮嘱他:"中国现在生活很苦,买些吃的带回去。"程开甲非常感激导师的关心,但在他的行李中,什么吃的都没有,全是他购买的建设新中国急需的固体物理、金属物理方面的书籍和资料。

回国后,程开甲先后在浙江大学和南京大学任教。为适应国家大搞经济建设的需要,程开甲主动把自己的研究重心由理论转向理论与应用相结合。1950—1960 年间,他先后发表了《内耗热力学研究》等 10 余篇论文,开创了国内对于热力学内耗的系统研究。他提出的普适线型内耗理论,对热力学内耗研究具有普遍的指导意义。同时,他还出版了我国第一部固体物理学教科书。

1956年3月，程开甲作为国内固体物理和金属物理方面的专家，参与了国家《1956—1967年科学技术发展远景规划》的制定工作。1958—1960年，根据组织安排，程开甲与施士元教授一起创建了南京大学核物理专业，同时参与筹建江苏省原子能研究所，由此开启了实现科学报国之志的新征程。

20世纪五六十年代，在新中国波澜壮阔的发展历程中，是一个极不寻常的时期。面对严峻的国际形势和帝国主义的核讹诈，中共中央和毛泽东审时度势，决策研制"两弹一星"。一时间，大批优秀科技工作者，包括许多在国外已卓有成就的科学家，怀着对新中国的满腔热爱，积极响应党和国家的召唤，义无反顾地投身到这一神圣而伟大的事业中来。

1960年盛夏的一天，南京大学校长郭影秋把程开甲叫到办公室："开甲同志，北京有一项重要工作要借调你去。你回家做些准备，明天就去报到。"说完，拿出一张写有地址的纸条交给他。就这样，程开甲加入中国核武器研制队伍，被任命为核武器研究所副所长。从此，他隐姓埋名，在学术界销声匿迹20多年。

后来，程开甲才知道，调他参与研制原子弹是钱三强点的将，最后批准的是邓小平。也是在后来，程开甲才知道，南京大学因不同意放走这个骨干与北京方面打起"官司"，最后还是聂荣臻元帅亲自给教育部部长、南京大学校长写信，才使问题得到解决。

有时，历史会有出人意料的机缘巧合。

程开甲在英国留学时，曾因与美国从事原子弹内爆机理研究的福克斯有过一次短暂接触，而被怀疑、跟踪过。福克斯是玻恩的学生、程开甲的师兄。1949年11月，在爱丁堡召开的基本粒子学术会议上，程开甲与福克斯初次见面，但谈得很投机。当时，美国正在对将原子弹核心机密泄露给苏联一事进行调查，福克斯也被列为怀疑对象。程开甲回忆说："他们将我与中国共产党—红色苏联—福克斯—原子弹机密联系起来，跟踪调查我。我去法国也有人跟踪。事后，玻恩告诉我说，当初他们怀疑与福克斯联系的第一个对象就是我。"

没想到10多年后，程开甲真的去研制原子弹了。

中国原子弹研制初始阶段遇到的困难，是现在的人们无法想象的。原子弹研制技术是国家最高机密，有核国家都采取最严格的保密措施。美国科学家卢森堡夫妇因泄露了一点秘密，就被判以电刑处死。福克斯也因泄密被判14年有期徒刑。中苏关系"蜜月时期"，聂荣臻元帅和宋任穷部长去苏联参观，也看不到有用的东西。那时候，我们得不到资料，买不来仪器设备，完全靠自力更生、艰苦奋斗，自己闯出一条路来。

根据核武器研究所领导任务分工，程开甲分管材料状态方程的理论研究和爆轰物理研究。当时，理论研究室主任是邓稼先。他选定中子物理、流体物理和高温高压下的物质性质三个方面，作为原子弹理论设计的主攻方向。高温高压组只有胡思得、李茂生等几个年轻人。

程开甲来到核武器研究所的时候，高温高压下的材料状态方程求解正遇到困难。胡思得向他详细汇报了做过的所有工作，也讲到了利用托马斯-费米理论时遇到的困惑。程开甲认真听取汇报，不时插话讨论。有些概念，例如冲击波，他也是第一次碰到。好在他在南京大学研究过托马斯-费米理论，还在《物理学报》上发表过关于 TFD 模型的文章。当时，高温高压组的成员大部分没有学过固体物理，更没有学过类似托马斯-费米理论的统计理论。为帮助他们在更高的平台上做工作，程开甲决定给他们系统地授课，提升他们的业务能力。

那段时间，程开甲脑袋里装的几乎全是数据。一次排队买饭，他把饭票递给窗口里的师傅时说“我给你这个数据，你验算一下”，弄得卖饭师傅莫名奇妙。身后的邓稼先拍着程开甲的肩膀提醒说：“程教授，这儿是饭堂。”吃饭时，程开甲又突然想到一个问题，就把筷子倒过来，蘸着碗里的菜汤，在饭桌上写着、思考着。

经过半年艰苦努力，程开甲领着胡思得等年轻人，第一次采用合理的 TFD 模型，计算出原子弹爆炸时弹心的压力和温度，为原子弹的总体力学计算提供了依据。

拿到计算结果后，负责原子弹结构设计的郭永怀高兴得不得了，对程开甲说：“老程，你的高压状态方程可帮我们解决了一个大难题啊！”

难题解决了，程开甲却病倒了。1960 年冬天，领导不得不让他停止手头工作，回南京养病。为早日康复，程开甲学打太极拳、练气功，并下决心戒烟，1961 年春节一过就重返工作岗位。

1962 年上半年，经过科学家和技术人员孜孜不倦的探索、攻关，我国原子弹研制工作闯过无数道难关，终于看到希望的曙光。就是这时，我国经济到了最困难的时期。中央决策层就国防尖端武器研制问题，发生上马、下马之争。关键时刻，毛泽东一锤定音：研制原子弹不是上马、下马的问题，而是要加紧进行。

1962 年 9 月 11 日，二机部正式向中共中央写报告，提出争取在 1964 年，最迟在 1965 年上半年爆炸中国第一颗原子弹的“两年规划”。毛泽东批示：“很好，照办。要大力协同做好这件工作。”

“两年规划”，实际上是科学家们向中共中央立下的军令状。

为加快原子弹研制进程，钱三强等二机部领导决定兵分两路：一班人马继续突破原子弹研制技术；另外组织一班人马，提前进行核试验技术攻关。

很快，程开甲的名字被钱三强上报到领导那里。钱三强提议，中国第一次核试验的有关技术方面由程开甲牵头负责。组织上对程开甲的工作又一次作了调整。程开甲很清楚自己的优势是理论研究，放弃熟悉的，前方的路会更曲折、艰难，但面对祖国的需要，他义不容辞。从此，他转入一个全新的领域——核试验技术。

深厚的理论根底和领导、同志们的信任，使程开甲在中国核试验技术领域，很快打开了局面，并收获了一个又一个创新成果。

从1964年第一次进入“死亡之海”罗布泊，到1984年调回北京，为了中国的核事业，程开甲在戈壁滩上工作、生活了20多年，历任核试验技术研究所副所长、所长以及核试验基地副司令员。20多年里，作为中国核试验技术总负责人，他组织指挥了从首次核爆炸到之后包括地面、空中、地下等方式在内的各种类型核试验30多次。他带领团队，利用历次核试验积累数据，对核爆炸现象、核爆炸规律、核武器效应与防护规律等，进行了深入的理论研究，建立了具有中国特色的核试验科学技术体系。

植物界有这样一种现象：单株植物生长时，显得黯然、单调，缺乏生机，而与众多植物一起生长时，却茂密、簇拥，生机盎然。植物界把这种现象称为“共生效应”。程开甲创建的核试验技术研究所及其所在的核试验基地，就是人才的一个共生之地。

50多年来，这支核试验技术队伍从无到有，从小到大，从不成熟到成熟，已经走出10位院士、40多位将军，荣获2 000多项科技成果奖。许多成果填补了国家空白，满足了国家的重大战略需求。

看到这英才辈出的团队，手捧着沉甸甸的奖杯，程开甲抚今追昔，感慨万千。他说：“传统不仅是保存文物的博物馆和供人瞻仰的纪念碑，它是奔腾不息的河流，是永远搏动的血脉，需要继承和延续，更需要注入和创新。”这支队伍，程开甲是看着成长的，也是带着它成长的。

从一开始，程开甲就知道，核武器试验事业是一项尖端事业，也是一项创新事业，没有人才是不行的。所以，在完成上级交付的任务过程中，他始终把带队伍、培养人看成自己的当然使命。

核试验技术研究所成立之初，程开甲根据专业需求，在上级支持下，从全国各地的研究所、高等院校抽调了一批专家和技术骨干。对于这些同志，程开甲给予充分信任，给他们作了许多挑战性的工作安排，帮助他们迅速成长。

中国第一次核试验中，立下大功的测量核爆炸冲击波的钟表式压力自计仪，就是程开甲鼓励林俊德等几名年轻大学生因陋就简研制的；同样，中国第一台强流脉冲电子束加速器的研制，也与程开甲大胆地将这一高难度项目交给邱爱慈不无关系。

后来，林俊德、邱爱慈都脱颖而出，成为中国工程院院士。邱爱慈还是核试验技术研究所10位院士中唯一的女性。

对此,邱爱慈感叹道:“决策上项目、决策用我,这两个决策都需要勇气。程老就是这样一个有勇气、敢创新的人。”带队伍、培养人,程开甲还有一条经验,那就是言传身教。程开甲一生爱党报国,祖国和人民也没有忘记他。

他是第三、四、五届全国人大代表,第六、七届全国政协委员,中国科学院院士。他荣获过国家科技进步奖特等奖、一等奖,国家发明奖二等奖和全国科学大会奖、何梁何利科学与技术进步奖等奖励。1999年,中共中央、国务院、中央军委在北京人民大会堂隆重举行表彰为研制“两弹一星”作出突出贡献的科技专家大会,程开甲被授予“两弹一星功勋奖章”。

2014年,中共中央、国务院隆重举行2013年度国家科学技术奖励大会,中共中央总书记、国家主席、中央军委主席习近平为他颁发国家最高科学技术奖证书。2017年,中央军委又把“八一勋章”颁授于他。这是党和国家的崇高褒奖,是给予程开甲这位国防科技工作者的最高荣誉。

对于这些崇高荣誉,程开甲有自己的解释。他说:“我只是代表,功劳是大家的。功勋奖章是对‘两弹一星’精神的肯定。我们的核试验,是研究所、基地所有参加者,有名的、无名的英雄们在弯弯曲曲的道路上一步一个脚印完成的……”

2016年,程开甲院士总结自己的科学人生,概括为“创新、拼搏、奉献”,并出版了《创新、拼搏、奉献——程开甲口述自传》一书。作为“两弹一星”的亲历者,中国核试验事业的“活档案”,他的口述资料,为历史和后人保存了珍贵的国防科技史料和精神财富。

今天,程开甲已100岁高龄,仍心系国防科技发展,仍在为强军兴军伟业贡献着智慧和力量。

3.5 晶格振动谱

3.5.1 高对称点

如何描述二维或三维空间的色散关系呢?实际上,只能通过对称性,给出其沿特定波矢方向的色散关系,这就需要选取第一布里渊区内合适的 q 点。要反映色散关系的特征,需要取到重要的高对称点。通常总是沿着这些高对称轴来表现格波的色散关系(包括电子的能带)。第一布里渊区的高对称点和高对称轴都有一些约定的特殊符号标记。

简单立方布里渊区的高对称点 对于简单立方,布里渊区中心与最近邻格点的距离为 $\frac{2\pi}{a}$。简单立方的布里渊区(见图3-21),以 $\frac{2\pi}{a}$ 为单位,布里渊区中心与其高对称点分别为

$\Gamma(0,0,0)$,$X(0,0.5,0)$,$M(0.5,0.5,0)$和$R(0.5,0.5,0.5)$。

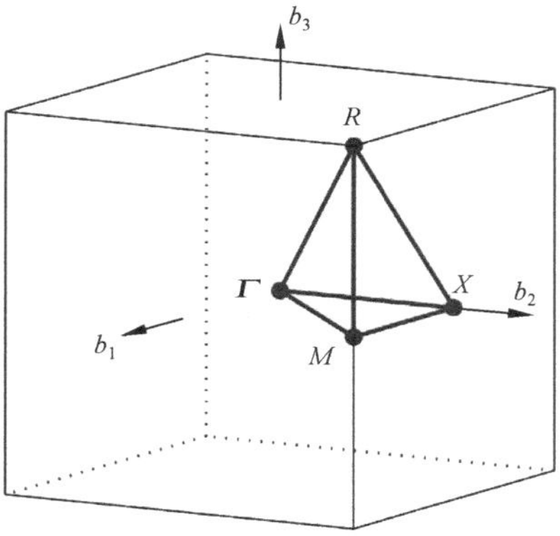

CUB path: Γ-X-M-Γ-R-X|M-R

图 3-21　简单立方布里渊区的高对称点

面心立方布里渊区的高对称点　对于面心立方,布里渊区中心与次近邻格点的距离为$\frac{4\pi}{a}$。面心立方的布里渊区(见图3-22),以$\frac{2\pi}{a}$为单位,其高对称点分别为$\Gamma(0,0,0)$,$X(0,1,0)$,$K(0.75,0.75,0)$,$L(0.5,0.5,0.5)$和$W(0.5,1,0)$。

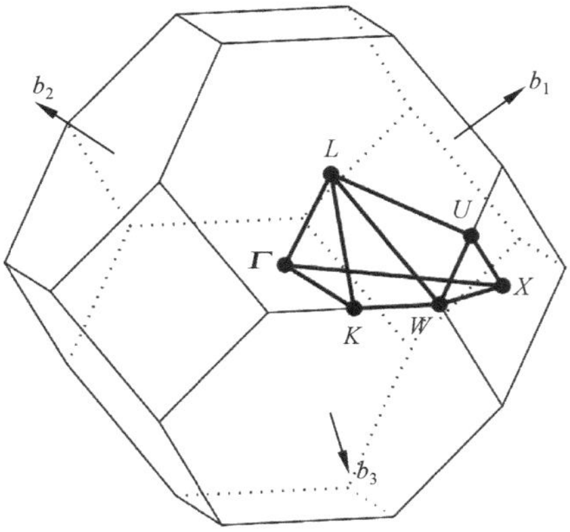

FCC path: Γ-X-W-K-Γ-L-U-W-L-K|U-X

图 3-22　面心立方布里渊区的高对称点

体心立方布里渊区的高对称点　对于体心立方,布里渊区中心与次近邻格点的距离为$\frac{4\pi}{a}$。体心立方的布里渊区(见图3-23),以$\frac{2\pi}{a}$为单位,其高对称点分别为$\Gamma(0,0,0)$,$H(0,1,0)$,$N(0.5,0.5,0)$和$P(0.5,0.5,0.5)$。

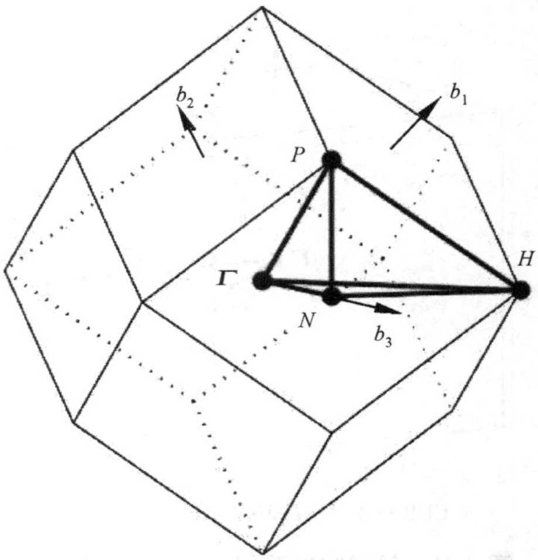

BCC path: Γ–H–N–Γ–P–$H|P$–N

图 3-23　体心立方布里渊区的高对称点

需要特别注意的是，面心立方和体心立方布里渊区高对称点坐标轴的选取，与正格子相同，与倒格子基矢量方向不同。而对于简单立方的布里渊区，高对称点坐标轴的选取，则和倒格子基矢量方向相同。

3.5.2　两种典型材料的晶格振动谱

晶体的色散关系，可以通过实验的办法测量得到，也可以根据原子间相互作用力的模型从理论上进行计算。由理论与实验的比较中获得不同材料对相互作用力的认识。共价晶体、离子晶体、金属晶体、分子晶体等由于它们的原子间相互作用力特点不同，因此色散关系表现出不同的特点。三维晶格振动中，波矢 $\boldsymbol{q}$ 为矢量，在作图时通常需要固定 $\boldsymbol{q}$ 的方向，通常选取典型的对称轴方向。下面分别给出了 Si 晶体和 GaAs 晶体的格波谱。其中，TO 和 TA 分别代表横光学波和横声学波，LO 和 LA 分别代表纵光学波和纵声学波。

对于 Si 晶体，由于原胞中存在两个原子，因此理论上存在 3 支光学波和 3 支声学波，包括 2 支光学横波 TO，1 支光学纵波 LO，2 支声学横波 TO，1 支声学横波。图 3-24 给出了 Si 晶体的晶格振动谱。由于 Si 晶体的晶格对称性，TA 和 TO 存在二重简并。对于长声学波，横波和纵波声速不同；对于长光学波，长波和纵波频率相同。

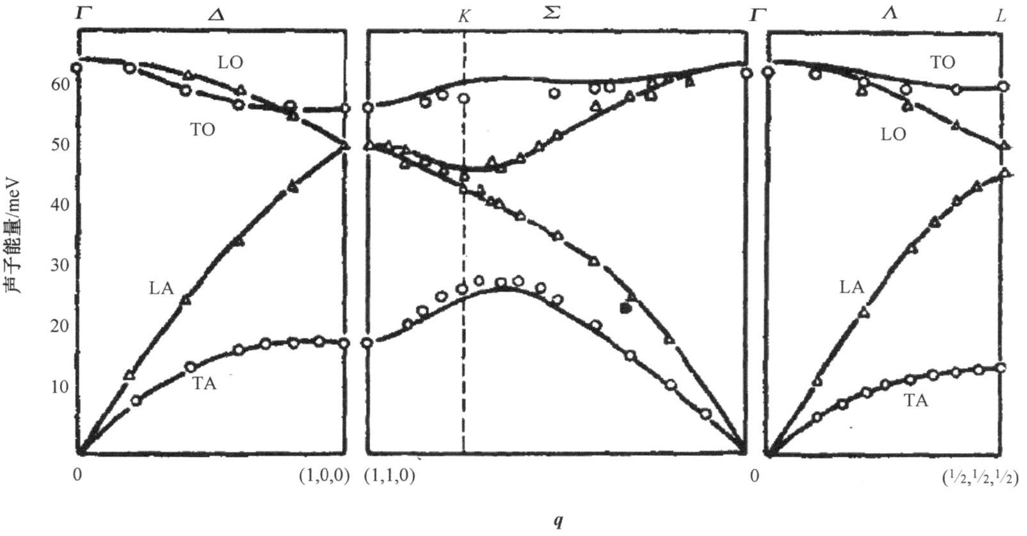

图 3-24　Si 晶体的晶格振动谱

对于 GaAs 晶体,室温下具有闪锌矿结构,和金刚石结构有类似之处,因此,其晶格振动谱和 Si 晶体表现出相似的特征(见图 3-25)。但是,长光学横波和长光学纵波出现了明显分离,且长光学纵波的频率要高于长光学横波,这是其离子性的体现。产生该现象的原因在于,由于 Ga 与 As 原子的相对振动,产生了电偶极矩。离子除受到其他离子的相互作用,还受到由电偶极矩引起的极化电场的作用,增加了沿振动方向的回复力,从而造成长光学纵波的频率升高。

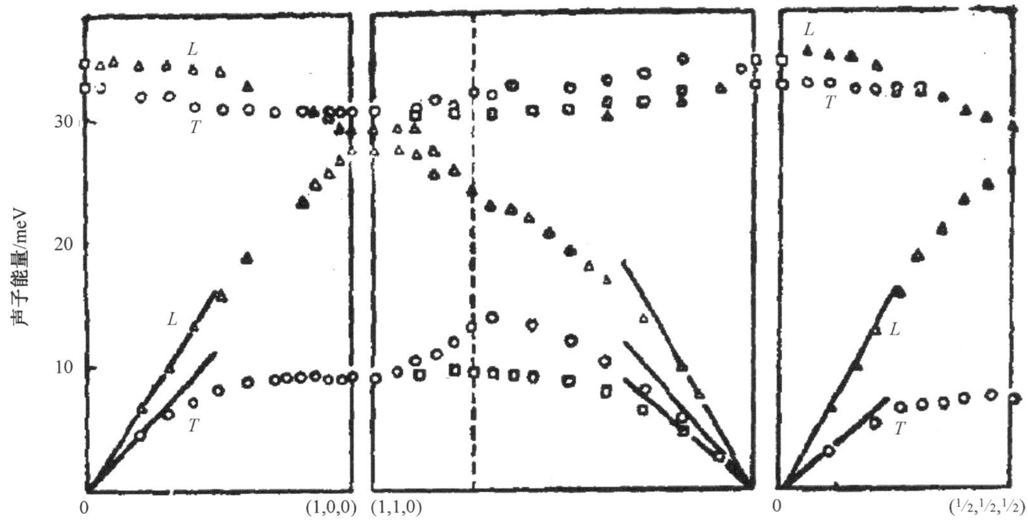

图 3-25　GaAs 晶体的晶格振动谱

石墨烯(Graphene)是碳的同素异形体,碳原子以 sp^2 杂化键合形成单层六边形蜂窝晶格石墨烯。英国曼彻斯特大学物理学家安德烈・盖姆和康斯坦丁・诺沃肖洛夫从石墨中成功分离出石墨烯(2004),在单层和双层石墨烯体系中分别发现了整数量子霍尔效应及常温条件下的量子霍尔效应(2009)。该研究成果于2010年获得诺贝尔物理学奖。对于石墨烯,室温下表现出六方结构,空间群为 $P6_3/mmc$,原胞中包含2个碳原子,理论上存在6支格波。图3-26给出了石墨烯的晶格振动谱。在石墨烯中,同时存在两种作用。一种作用来源于面内最近邻($a/\sqrt{3}=1.42$ Å)原子的强共价作用,对应面内1支光学横波(TO)、1支光学纵波(LO),1支声学横波(TA)和1支光学纵波(LA)。还有一种作用来源于面与面之间($a/2=3.35$ Å)原子的范德瓦耳斯作用,对应面外1支光学横波、1支声学横波。由于相互作用较弱,面外格波声子能量显著低于面内格波。高熵合金,通常是由5种或5种以上等量或相当比例金属形成的新型合金。名为"高熵合金"是因为当混合物中存在大量元素混合,熵增更高。叶均蔚博士是在1995年驾车穿越新竹乡村时,想出了实际制造高熵合金方法,并获得了全球第一个高熵合金。高熵合金由于表现出比传统合金更高的比强度,抗断裂能力、抗拉强度、抗腐蚀及抗氧化特征,成为近年来金属领域的一大热门研究方向。FeCoCrMnNi是一种典型的高熵材料,室温下具有面心立方结构,理论上存在2支声学横波TA,1支声学纵波LA。由于FeCoCrMnNi表现出和母相材料Ni和FeNi合金相同的晶体结构,因此,晶格振动谱表现出非常相似的特征(见图3-27)。

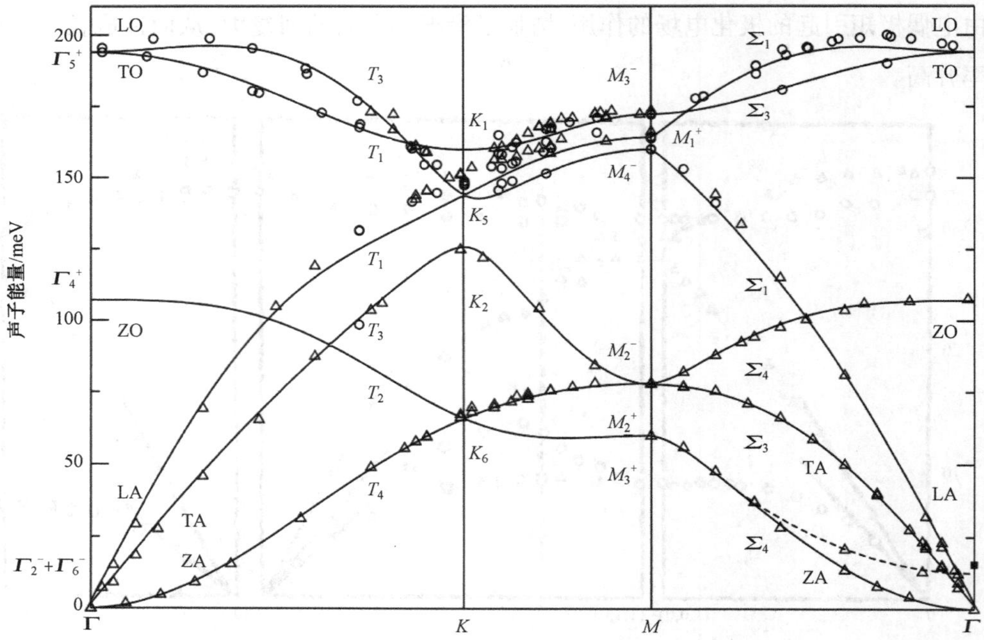

图 3-26 石墨烯的晶格振动谱

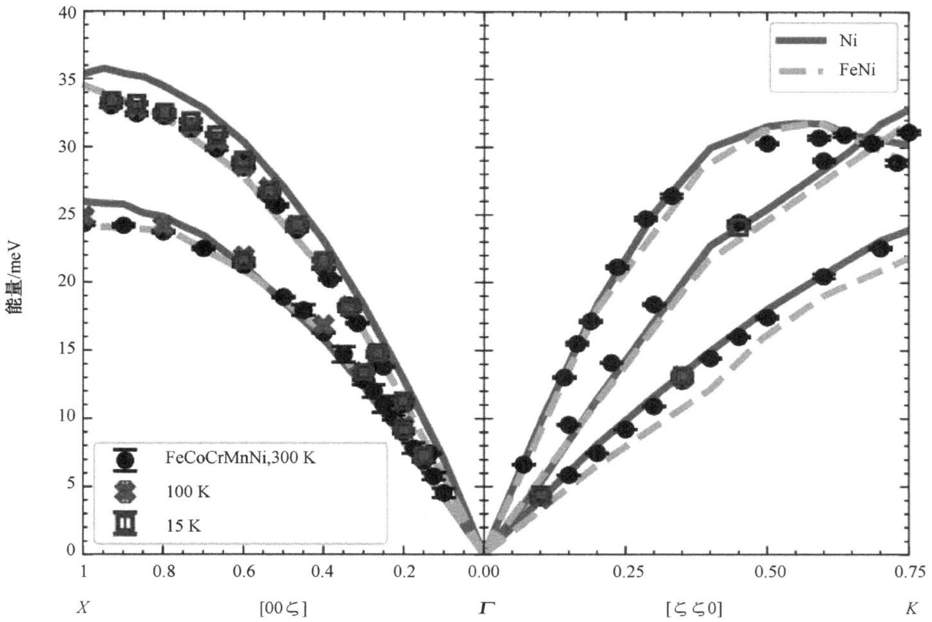

图 3-27　高熵合金 FeCoCrMnNi 的晶格振动谱

3.6　声子及晶格振动谱的测定

“声子”一词最早由苏联物理学家伊格·塔姆(见图 3-28)于 1932 年提出,声子名词来源于希腊语,翻译成中文是声响的意思,和长声学波的物理特性相关。1941 年,朗道在 *Physical Review* 发表英文文章“Theory of the superfluidity of Helium Ⅱ”,再次提及了声子的概念。在 20 世纪 40 年代末,声子在英文文章中出现的概率逐渐增加。50 年代,在国际英文杂志已经很容易找到声子的身影了。需要指出的是,在 1954 年黄昆和玻恩合著的《晶格振动力学》中,并没有出现声子的概念。

图 3-28　伊格·塔姆(1895—1971,苏联物理学家)

3.6.1 声子

晶格振动是原子的整体运动。每个原子在平衡位置附近运动，对原子间的相互作用能进行多元函数泰勒展开，保留到二阶，忽略高阶项。其中，零阶项贡献一个常数，为原子处于平衡位置的相互作用能；因为原子处于平衡位置，相互作用能取最小值，因此一阶项为0；二阶项给出类似于简谐振动的位能形式。晶体中所有原子的这种运动，类似于一组耦合的谐振子。选择合适的简正坐标，使得各个自由度解除耦合，就可得到一组互不耦合的谐振子的运动方程：

$$\frac{1}{2}\left[-\hbar^2\frac{\partial^2}{\partial Q_l^2}+\omega_l^2Q_l^2\right]\varphi(Q_l)=\varepsilon_l\varphi(Q_l)$$

式中，Q_l 代表简正坐标。每一对简正坐标，描述原子的一种集体振动的模式。谐振子运动方程与量子力学中给出的谐振子方程的形式相同，因此，得到的谐振子能量具有量子化的特征，即

$$\varepsilon_l=\left(\frac{1}{2}+n_j\right)\hbar\omega_l,n_j=0,1,\cdots$$

对于一个三维晶体，存在 $3sN$ 个格波，也就得到了 $3sN$ 种不同的谐振子。根据量子力学基本原理，谐振子在与电子、中子、光子等其他粒子发生作用时，能量的增加和减少都是以 $\hbar\omega_l$ 单位的。引入一种准粒子——声子（晶格振动中的能量子）。每个振动模式的能量均以 $\hbar\omega_l$ 为单位。一个格波就是一种振动模式，对应一个声子。这样，$3sN$ 种格波就可看作 $3sN$ 种声子。

声子的能量为 $\hbar\omega_l$，且具有准动量 $\hbar\boldsymbol{q}$，它的行为类似于电子、光子，具有粒子的性质。声子是反映晶体集体运动的激发单元，它不脱离晶格振动而独立存在，并非一种真实粒子，我们将这种具有粒子性质但并非物理实体的粒子称之为准粒子。

声子的动量为准动量。所有原子围绕其平衡位置作微振动，总体上没有形成质量的增加或者移动。波矢增加一个倒格矢或者减少一个倒格矢时，不会引起频率或者原子位移的改变，即 $\hbar\boldsymbol{q}$ 等价于 $\hbar\boldsymbol{q}\pm\hbar\boldsymbol{G}$。

3.6.2 声子平均数

声子是一种玻色子，服从玻色-爱因斯坦统计。考虑一组处于热平衡的全同谐振子，处于第 $n+1$ 个量子激发态和处于第 n 个量子激发态的比值为（也可认为谐振子处于 $N+1$ 态的概论和 N 态概率的比值）：

$$\frac{N_{n+1}}{N_n}=\mathrm{e}^{-\frac{\hbar\omega}{kT}}$$

根据上述关系，可知处于第 n 个量子态的谐振子数占谐振子总数的比例为

$$\frac{N_n}{\sum_{s=0}^{\infty} N_s}=\frac{e^{-\frac{n\hbar\omega}{kT}}}{\sum_{s=0}^{\infty} e^{-\frac{s\hbar\omega}{kT}}}$$

可证明,谐振子平均激发声子数为

$$\bar{n}=\frac{\sum_{s=0}^{\infty} s e^{-\frac{s\hbar\omega}{kT}}}{\sum_{s=0}^{\infty} e^{-\frac{s\hbar\omega}{kT}}}$$

令 $e^{-\frac{\hbar\omega}{kT}}=x$,可将上式改写为

$$\bar{n}=\frac{\sum_{s=0}^{\infty} s x^s}{\sum_{s=0}^{\infty} x^s}$$

由于

$$\sum_{s=0}^{\infty} x^s=\frac{1}{1-x},\ \sum_{s=0}^{\infty} s x^s=x\left(\sum_{s=0}^{\infty} x^s\right)'=\frac{x}{(1-x)^2}$$

可得到

$$\bar{n}=\frac{x}{1-x}=\frac{1}{e^{\frac{\hbar\omega}{kT}}-1}$$

由此可见,平均声子数符合普朗克分布。

3.6.3 声子与其他粒子的相互作用

和电子、光子、中子等粒子发生作用时,能量的增加和减少均以 $\hbar\omega_l$ 为单位。若晶体增加了 $\hbar\omega_l$ 的能量,可看作产生了一个频率为 ω_l 的声子;若晶体减少了 $\hbar\omega_l$ 的能量,可看作湮灭了一个频率为 ω_l 的声子。声子和其他粒子相互作用时,数目不守恒,声子可以产生,也可以湮灭。其作用遵从能量和准动量守恒。声子与电子的相互作用,被认为是导致 BCS 超导的关键机制。

3.6.4 声子谱(晶格振动谱)的测定

中子非弹性散射 中子的能量范围在 0.005~0.08 eV,与声子的能量具有相同的数量级(~0.01 eV)德布罗意波长 0.1~0.4 nm,正好是晶格常数量级。实验上只需确定散射前后中心的能量变化,就可获得声子的频率。通过中子在散射前后的方位变化,就可确定声子的波矢。具体表达式如下:

$$\frac{p'^2}{2m}-\frac{p^2}{2m}=\pm\hbar\omega$$

$$\hbar\boldsymbol{k}-\hbar\boldsymbol{k}'=\pm\hbar\boldsymbol{q}\pm\hbar\boldsymbol{G}$$

由于声子的频率和中子接近,利用中子的非弹性散射,是确定声子谱的一种较为理想的方式。但是,中子源反应堆比较复杂。

光子散射 当光通过固体时,也会与格波发生作用,而产生散射。光子的波矢为 $10^5\ \text{cm}^{-1}$ 量级,只能确定布里渊区附近的 $10^5\ \text{cm}^{-1}$ 量级的长声学波和长光学波的声子谱。作用过程如下:

$$\hbar \boldsymbol{k}-\hbar \boldsymbol{k}'=\pm\hbar \boldsymbol{q}\pm\hbar \boldsymbol{G}$$

$$\pm\hbar\omega(q)=\hbar\omega-\hbar\omega'$$

光子与长声学波的作用称之为布里渊区散射。光子波矢改变极小($k\approx k'$),与声子波矢关系满足 $q=2k\sin\dfrac{\varphi}{2}$。光子的频率移动也较小,为 $1\times10^7\sim3\times10^{10}$ Hz 范围。光子与长光学波的作用称为拉曼散射(见图 3-29)。长光学波能量较大,拉曼频移也较大,移动范围 $3\times10^{10}\sim3\times10^{13}$ Hz。通常将散射频率低于入射频率的情况称为斯托克散射,对应发射声子的过程。将散射频率高于入射频率的情况称为反斯托克散射,对应吸收声子的过程。

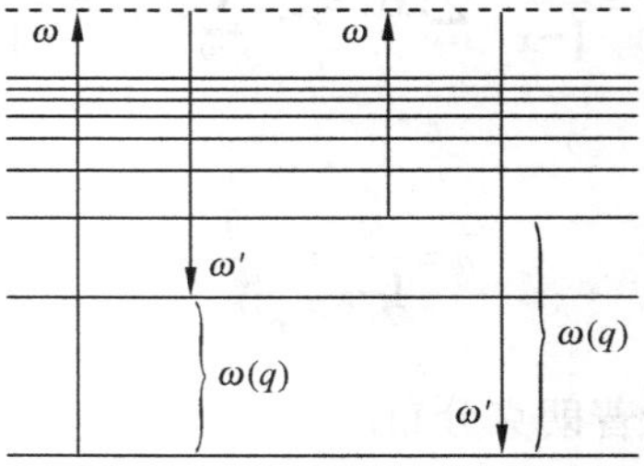

图 3-29　声子的拉曼散射

X 射线散射 X 射线的能量为 10^4 eV,远大于声子能量 10^{-2} eV,常用来研究短波声子的行为。

3.7 晶格振动模式密度

要计算晶体的热容,首先需要计算在特定温度下考虑晶格振动的内能。格波能量具有量子化的特征,根据前面学到的知识,谐振子的平均能量可以表示为

$$\bar{\varepsilon}=\left(\frac{1}{2}+\bar{n}\right)\hbar\omega_l$$

假设晶体原胞中仅有 1 个原子,那么,将存在 $3N$ 种振动模式。要计算晶格振动能量,必须知道这 $3N$ 种振动模式随频率的分布。将晶格振动模式随频率分布的函数称之为晶格振动模式密度 $g(\omega)$,就可将晶体的平均能量表示为

$$\bar{E}=\int_0^{\omega_m}\left(\frac{1}{2}+\bar{n}\right)\hbar\omega g(\omega)\,\mathrm{d}\omega$$

本节的任务就是求解晶格振动的模式密度。

定义晶格振动模式密度为

$$g(\omega)=\lim_{\Delta\omega\to 0}\frac{\Delta n}{\Delta\omega}$$

式中,Δn 表示频率范围在 $\omega\sim\omega+\Delta\omega$ 范围内的晶格振动模式个数。直接求解晶格振动模式密度存在难度,但可通过中间量波矢来进行求解,即

$$g(\omega)=\lim_{\Delta\omega\to 0}\frac{\Delta n}{\Delta\omega}=\frac{\mathrm{d}n}{\mathrm{d}\omega}=\frac{\mathrm{d}n}{\mathrm{d}q}\cdot\frac{1}{|\nabla\omega(\boldsymbol{q})|}$$

换句话说,只要获得波矢范围在 $q\sim q+\mathrm{d}q$ 范围内的晶格振动模式个数,就可求得晶振振动模式密度。

3.7.1　一维晶体的晶格振动模式密度

对于一维晶体,假设原胞个数为 N,线度为 L,则在倒格子空间内,第一布里渊区线度为 $\frac{2\pi}{L/N}$,总共有 N 个 q。这样,倒格子空间单位长度内的波矢个数为

$$\frac{N}{\dfrac{2\pi}{L/N}}=\frac{L}{2\pi}$$

波数大小小于 q 的格波个数

$$n=\frac{2L}{2\pi}q=\frac{L}{\pi}q$$

由于同时存在左右两个波矢方向,等式右边需要乘以因子 2。因此可得

$$\frac{\mathrm{d}n}{\mathrm{d}q}=\frac{L}{\pi}$$

从而,一维晶体的晶格振动模式密度可表示为

$$g(\omega)=\frac{L}{\pi}\left|\frac{1}{\mathrm{d}\omega/\mathrm{d}q}\right|$$

我们通过上式,可求得一维单原子链的模式密度为

$$\left|\frac{\mathrm{d}\omega}{\mathrm{d}q}\right|=a\sqrt{\frac{\beta}{m}}\left|\cos\frac{aq}{2}\right|=\frac{1}{2}a\sqrt{\omega_m^2-\omega^2}$$

$$g(\omega)=\frac{2L}{\pi a\sqrt{\omega_m^2-\omega^2}}=\frac{2N}{\pi\sqrt{\omega_m^2-\omega^2}}$$

3.7.2　二维晶体的晶格振动模式密度

对于二维晶体,假设原胞个数为 N,总面积为 S。则在倒格子空间内,第一布里渊区面积为 $\frac{(2\pi)^2}{S/N}$,总共有 N 个 q。这样,倒格子空间单位面积内的波矢个数为

$$\frac{N}{\frac{(2\pi)^2}{S/N}}=\frac{S}{(2\pi)^2}$$

波数大小小于 q 的格波个数

$$n=\frac{S\pi q^2}{(2\pi)^2}=\frac{Sq^2}{4\pi}$$

因此可得

$$\frac{\mathrm{d}n}{\mathrm{d}q}=\frac{Sq}{2\pi}$$

从而,二维晶体的晶格振动模式密度可表示为

$$g(\omega)=\frac{Sq}{2\pi}\left|\frac{1}{\nabla_q\omega(\boldsymbol{q})}\right|$$

考虑德拜近似下($\omega=cq$)的二维晶体晶格振动的模式密度。由上式容易得

$$g(\omega)=\frac{Sq}{2\pi c}=\frac{S\omega}{2\pi c^2}$$

由于二维晶体同时存在一个横波($\omega=c_t q$)和一个纵波($\omega=c_l q$),$g(\omega)$可以改写为

$$g(\omega)=\frac{S\omega}{2\pi c_t^2}+\frac{S\omega}{2\pi c_l^2}=\frac{S\omega}{\pi \bar{c}^2}$$

3.7.3 三维晶体的晶格振动模式密度

对于三维晶体,假设原胞个数为 N,总体积为 V,则在倒格子空间内,第一布里渊区体积为$\frac{(2\pi)^3}{V/N}$,总共有 N 个 q。这样,倒格子空间单位体积内的波矢个数为

$$\frac{N}{\frac{(2\pi)^3}{V/N}}=\frac{V}{(2\pi)^3}$$

波数大小小于 q 的格波个数

$$n=\frac{V4\pi q^3}{3(2\pi)^3}=\frac{Vq^3}{6\pi^2}$$

因此可得

$$\frac{\mathrm{d}n}{\mathrm{d}q}=\frac{Vq^2}{2\pi^2}$$

从而,三维晶体的晶格振动模式密度可表示为

$$g(\omega)=\frac{Vq^2}{2\pi^2}\left|\frac{1}{\nabla_q\omega(\boldsymbol{q})}\right|$$

考虑德拜近似下($\omega=cq$)的三维晶体晶格振动的模式密度。由上式容易得

$$g(\omega)=\frac{Vq^2}{2\pi^2 c}=\frac{V\omega^2}{2\pi^2 c^3}$$

由于三维晶体同时存在一个横波($\omega=c_t q$)和一个纵波($\omega=c_l q$),$g(\omega)$可以改写为

$$g(\omega)=\frac{2V\omega^2}{2\pi^2 c_t^3}+\frac{V\omega^2}{2\pi^2 c_l^3}=\frac{3V\omega^2}{2\pi^2 \bar{c}^3}$$

为简单起见,假设两列横波的声速相等。实际情况中,两列横波的声速不一定相等。

3.8 晶体的热容

3.8.1 杜隆-珀替定律(Dulong-Petit law)

杜隆-珀替定律是描述固体比热容的经典定律,由法国化学家皮埃尔·路易·杜隆(Pierre Louis Dulong)和阿列克西·泰雷兹·珀替(Alexis Thérèse Petit)于1819年提出。定律的内容为:每摩尔固体的比热容可表示为

$$c=3R=3Nk_B$$

式中,比热容 c 的单位为 J/K;N 为每摩尔固体的原子数;k_B 为玻尔兹曼常数。杜隆-珀替定律可通过经典的能量均分定律来解释。对于 N 个原子,存在 3 个自由度,每个自由度的原子的平均能量均为 k_BT。尽管杜隆-珀替定律形式极为简单,但它多数晶体在高温下(300 K 以上)热容的描述仍是十分精确的。

随着实验技术的发展,物理学家测试了固体在低温的热容。实验发现,热容在低温下逐渐下降,并在绝对零度趋于0,杜隆-珀替定律不再适用(见图 3-30)。如何解释固体的低温热容,成为 19 世纪末困扰物理学家的一大难题。

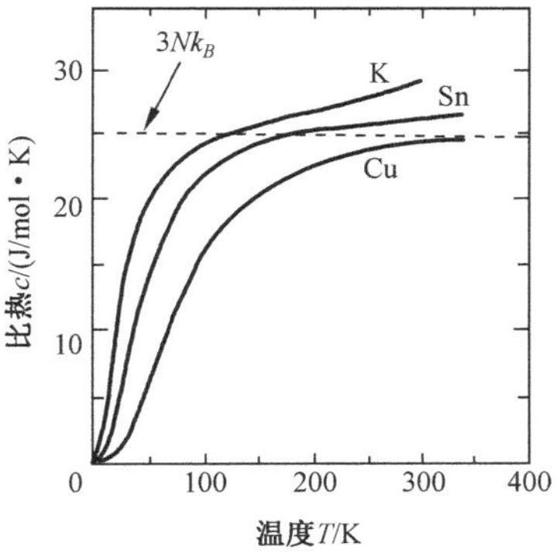

图 3-30 杜隆-珀替定律和固体低温比热实验的偏离

3.8.2 爱因斯坦模型

1900 年,德国科学家马克斯·普朗克提出能量量子化假说,完美解释了黑体辐射定律,量子力学诞生。1907 年,爱因斯坦利用普朗克的量子化假设,解释了热容随低温下降并趋于 0 的实验趋势。

为解释固体的低温热容,爱因斯坦做出了3个假设,简称爱因斯坦模型。

(1) 晶格中的每一个原子都是三维量子谐振子;

(2) 原子不互相作用;

(3) 所有的原子都以相同的频率振动(与德拜模型不同)。

从今天的观点看,爱因斯坦的第(2)、(3)个假设均与实际情况存在很大出入。根据爱因斯坦模型,固体的总内能可表示为

$$\bar{E}=3N\left(\frac{1}{2}+\bar{n}\right)\hbar\omega=3N\left(\frac{1}{2}+\frac{1}{e^{\frac{\hbar\omega}{kT}}-1}\right)\hbar\omega$$

恒定体积内,固体的热容可通过对温度求导得

$$C_V=3N\frac{k_B(\hbar\omega/k_BT)^2e^{\hbar\omega/k_BT}}{(e^{\hbar\omega/k_BT}-1)^2}$$

令 $\xi=\hbar\omega/k_BT$,上式可简化为

$$C_V=3N\frac{k_B\xi^2e^{\xi}}{(e^{\xi}-1)^2}$$

根据上式,容易得到:

(1) 在室温附近,固体的热容近似等于 $3Nk_B$。

(2) 随着温度下降,热容趋近于0。在极低温下,$\xi\to\infty$,$C_V=3Nk_Be^{-\xi}\xi^2$,以指数形式趋近于0。在绝对零度时,$C_V=0$。爱因斯坦模型能够反映热容在低温下下降的基本趋势,也能得到绝对零度热容为0的规律(见图3-31)。但在低温范围,爱因斯坦理论值下降更陡,与实验值不符合。

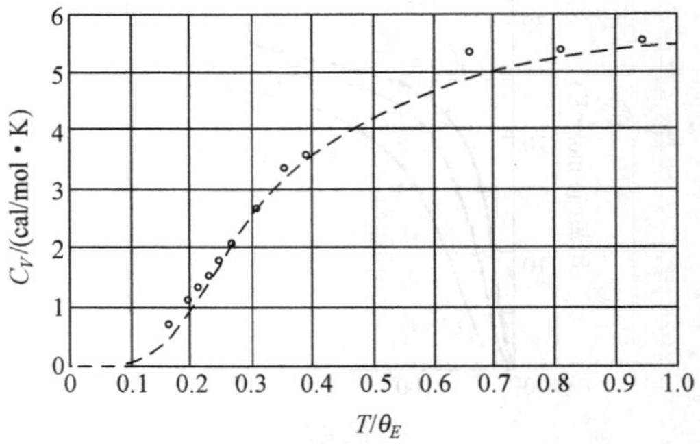

图3-31 爱因斯坦热容与实验值的比较(虚线为爱因斯坦热容值,圆圈为实验值)

3.8.3 德拜模型(Debye model)

德拜模型是由荷兰物理学家彼得·约瑟夫·威廉·德拜在1912年提出,用于估算晶格振动对固体的热容的贡献。需要注意的是,当时并没有晶格振动模式密度的概念,他引用了电磁振动模式密度(在推导黑体辐射公式时用到),推导出了低温热容的表达。德拜模型对

晶格振动做出了两点假设。

（1）将格波看成了连续介质弹性波，频率和波矢表现出线性的关系。

（2）格波振动的频率具有一定的分布。

通过上节知识，德拜模型得到的晶格振动模式密度为 $g(\omega)=\dfrac{3V\omega^2}{2\pi^2\bar{c}^3}$。这样，就可将固体的平均内能表示为

$$\bar{E}=\int_0^{\omega_m}\left(\frac{1}{2}\hbar\omega+\hbar\omega\frac{1}{e^{\hbar\omega/k_BT}-1}\right)\frac{3V\omega^2}{2\pi^2\bar{c}^3}d\omega$$

对上式求导，可得到热容的表达为

$$C_V=\frac{3V}{2\pi^2\bar{c}^3}\int_0^{\omega_m}\frac{k_B(\hbar\omega/k_BT)^2e^{\hbar\omega/k_BT}\omega^2d\omega}{(e^{\hbar\omega/k_BT}-1)^2}$$

利用 $\xi=\hbar\omega/k_BT$，可将上式改为

$$C_V=\frac{3Vk_B}{2\pi^2\bar{c}^3}\left(\frac{k_BT}{\hbar}\right)^3\int_0^{\xi_m}\frac{\xi^4e^{\xi}d\xi}{(e^{\xi}-1)^2}$$

由于晶格振动模式密度满足 $\int_0^{\omega_m}\dfrac{3V\omega^2}{2\pi\bar{c}^3}d\omega=3N$，因此，$\dfrac{3V}{2\pi\bar{c}^3}=\dfrac{9N}{\omega_m^3}$。

定义温度参数 $\Theta_D=\dfrac{\hbar\omega_m}{k_B}$，该参数可称之为德拜温度。上式可进一步变为

$$C_V=9Nk_B\left(\frac{T}{\Theta_D}\right)^3\int_0^{\xi_m}\frac{\xi^4e^{\xi}d\xi}{(e^{\xi}-1)^2}$$

$$=9R\left(\frac{T}{\Theta_D}\right)^3\int_0^{(\hbar\omega_m/k_BT)}\frac{\xi^4e^{\xi}d\xi}{(e^{\xi}-1)^2}$$

德拜低温热容 在低温下，$\Theta_D\gg T$，此时，可将热容表达为

$$C_V=9R\left(\frac{T}{\Theta_D}\right)^3\int_0^{\infty}\frac{\xi^4e^{\xi}d\xi}{(e^{\xi}-1)^2}$$

要得到热容的表达，关键要求出 $\int_0^{\infty}\dfrac{\xi^4e^{\xi}d\xi}{(e^{\xi}-1)^2}$ 的积分值。通过分部积分，可得

$$\int_0^{\infty}\frac{\xi^4e^{\xi}d\xi}{(e^{\xi}-1)^2}=-\int_0^{\infty}\xi^4d\frac{1}{e^{\xi}-1}$$

$$=-\xi^4\frac{1}{e^{\xi}-1}\Big|_0^{\infty}+\int_0^{\infty}\frac{1}{e^{\xi}-1}4\xi^3d\xi$$

$$=4\int_0^{\infty}\frac{\xi^3}{e^{\xi}-1}d\xi$$

利用积分公式 $\int_0^{\infty}\dfrac{\xi^3}{e^{\xi}-1}d\xi=\dfrac{\pi^4}{15}$ 可得，$\int_0^{\infty}\dfrac{\xi^4e^{\xi}d\xi}{(e^{\xi}-1)^2}=\dfrac{4\pi^4}{15}$。

由此,我们获得了低温热容的具体表达,即

$$C_V=\frac{12\pi^4}{5}R\left(\frac{T}{\Theta_D}\right)^3$$

根据德拜理论,晶体的热容仅跟 Θ_D 相关。不同的晶体,Θ_D 不同。对于特定的晶体,其 Θ_D 可通过其实验热容值给出。

德拜模型在低温下是很成功的,对于大多数固体,德拜定律与实验相符,温度越低符合得越好。这是因为,低温下长声学波的贡献是主要的,而长声学波表现出连续介质弹性波的行为(见图 3-32)。

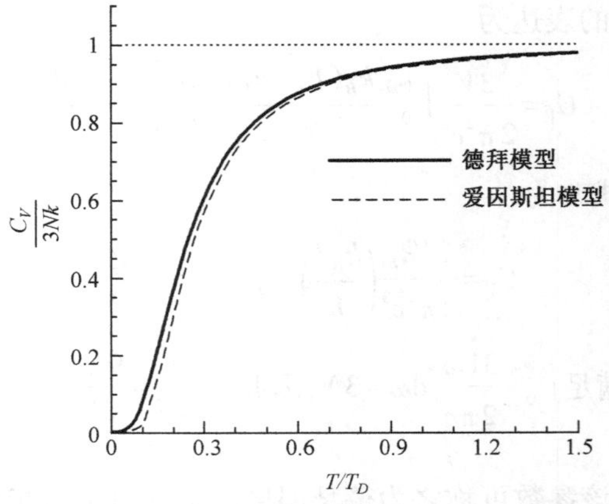

图 3-32 德拜模型和爱因斯坦模型的比较

德拜高温热容 在高温范围,$T\gg\Theta_D$,利用泰勒展开为

$$\int_0^{\frac{\Theta_D}{T}}\frac{\xi^4 e^{\xi}d\xi}{(e^{\xi}-1)^2}\approx\int_0^{\frac{\Theta_D}{T}}\xi^2 d\xi=\frac{1}{3}\left(\frac{\Theta_D}{T}\right)^3$$

根据上述积分结果可得,$C_V=3R$,与杜隆-珀替定律一致。

德拜模型的局限性 在德拜模型中,仅用弹性波的色散关系取代所有格波的色散关系显然是有局限的。温度升高,频率更高的光学波将对热容产生贡献。随着低温测量技术的发展,科学家发现,德拜理论与实际仍存在差距。严格来说,C_V 与 T^3 的正比例关系(即德拜 T^3 定律)一般只适用于 $T<\frac{\Theta_D}{30}$的温度范围。

以一维单原子链为例,$\omega_m=2\sqrt{\frac{\beta}{m}}$长波近似下,声速 $c=\omega_m a$。通过德拜温度,可粗略给出晶格振动频率的数量级。大多数晶体的 Θ_D 在 200~400 K 之间(见表 3-2),相当于 $\omega_m\approx 10^{13}\,s^{-1}$。但是,对于金刚石、Be、B 等,因为其弹性模量大,密度低,导致其具有较高的声速,因此,其 Θ_D 超过了 1 000 K,振动频率远高于一般固体。这样的固体,热容将低于经典值。

表 3-2 元素晶体的德拜温度

晶体	Θ_D/K	晶体	Θ_D/K	晶体	Θ_D/K
Ag	227.3	Ga	325	Pd	271
Al	433	Ge	373	Pt	237
As	282	Gd	182	Sb	220
Au	165	Hg	71.9	Si	645
B	1480	In	112	Sn(灰)	260
Be	1481	K	91	Sn(白)	200
Bi	120	Li	344	Ta	246
金刚石	2 250	βLa	140	Th	160
Ca	229	Mg	403	Ti	420
Cd	210	Mn	409	Tl	78.5
Co	460	Mo	423	V	399
Cr	606	Na	156.5	W	383
Cu	347	Ni	477	Zn	329
αFe	477	Pb	105	Zr	290

3.9 非谐近似

在前面的晶格振动过程中,晶体的相互作用能仅依赖于原子相对位移的平方相,即简谐近似,其主要推论包括以下几条:

(1) 两个格波不发生相互作用,单个波不衰变,波形不随时间变化。

(2) 不产生热膨胀,通过简谐近似给出的原子间距为平衡间距,不随温度的变化而变化。

(3) 在高温情况下,比热容为恒量。

就实际晶体而言,上述推论均不严格成立。这主要是因为原子间位移的高次项被忽略所致。下面通过两个例子来讨论非谐效应的影响。

3.9.1 热膨胀

对于大多数固体,随着温度上升,体积上升,即发生热膨胀(见表 3-3)。定义线性膨胀系数为,温度每升高一个单位,晶体尺寸增加的比率,可将线性膨胀系数 α(单位为 K^{-1})表示为

$$\alpha=\frac{1}{L}\frac{\Delta L}{\Delta T}$$

表 3-3 常见晶体的线膨胀系数

晶体	$\alpha/10^{-6}K^{-1}$@ 20 ℃	晶体	$\alpha/10^{-6}K^{-1}$@ 20 ℃
Al	23.2	Cr	6.2
Sb	10.5	金刚石	1.2
Be	12.3	Fe	12.2
Pb	29.3	Ge	6.2
Cd	41	Au	14.2
Ir	6.5	NaCl	40
Cu	16.5	Mg	26
Mn	23	Mo	5.2
Ni	13	Pt	9
Ag	19.5	Sn	22
Ti	10.8	Bi	14
W	4.5	Zn	36
Si	2.5	石墨	2.0

以一维晶体为例，考虑其在简谐近似下的原子平均间距。此时，相互作用能可表示为

$$U(r_0+\delta)=f\delta^2$$

式中，δ 为原子偏离平衡位置的位移，对应的概率满足玻尔兹曼统计 e^{-U/k_BT}；系数 f 为正数。

根据统计规律，偏离位移 δ 的平均值可表示为

$$<\delta>=\frac{\int_{-\infty}^{\infty}\delta e^{-f\delta^2/k_BT}d\delta}{\int_{-\infty}^{\infty}e^{-f\delta^2/k_BT}d\delta}$$

在上式中，由于分子中被积函数为奇函数，所以积分为 0，从而得到 δ 的平均值为 0。即随温度变化，原子间的平均间距始终为平衡位移 r_0。采用简谐近似，无法解释热膨胀。

考虑非谐近似后，相互作用能可表示为

$$U(r_0+\delta)=f\delta^2-g\delta^3$$

这样，δ 的平均值可表示为

$$<\delta>=\frac{\int_{-\infty}^{\infty}\delta e^{(-f\delta^2+g\delta^3)/k_BT}d\delta}{\int_{-\infty}^{\infty}e^{(-f\delta^2+g\delta^3)/k_BT}d\delta}$$

对于分母，

$$\int_{-\infty}^{\infty} e^{\frac{-f\delta^2+g\delta^3}{k_BT}} d\delta = \int_{-\infty}^{\infty} e^{-\frac{f\delta^2}{k_BT}} e^{\frac{g\delta^3}{k_BT}} d\delta$$

$$\approx \int_{-\infty}^{\infty} e^{-\frac{f\delta^2}{k_BT}} \left(1+\frac{g\delta}{f}\right) d\delta$$

$$= \int_{-\infty}^{\infty} e^{-\frac{f\delta^2}{k_BT}} d\delta = \sqrt{\frac{k_BT\pi}{f}} \quad \left(利用\int_{-\infty}^{\infty} e^{-\delta^2} d\delta = \sqrt{\pi}\right)$$

对于分子，

$$\int_{-\infty}^{\infty} \delta e^{\frac{-f\delta^2+g\delta^3}{k_BT}} d\delta \approx \int_{-\infty}^{\infty} \delta e^{-\frac{f\delta^2}{k_BT}} \left(1+\frac{g\delta^3}{k_BT}\right) d\delta$$

$$= \int_{-\infty}^{\infty} e^{-\frac{f\delta^2}{k_BT}} \left(\frac{g\delta^4}{k_BT}\right) d\delta$$

$$= \frac{3}{4}\sqrt{\pi}\left(\frac{k_BT}{f}\right)^{\frac{5}{2}} \frac{g}{k_BT} \quad \left(利用\int_{-\infty}^{\infty} \delta^4 e^{-\delta^2} d\delta = \frac{3}{4}\sqrt{\pi}\right)$$

由此可得

$$<\delta> = \frac{3gk_BT}{4f^2}$$

考虑非谐近似后，可定性给出固体随温度上升产生热膨胀的现象。但实际上，晶体的热膨胀规律要复杂得多。一些陶瓷材料在一定的温区内，在温度升高情况下，几乎不发生几何特性变化，其热膨胀系数接近0。还有一些材料，随温度上升，热膨胀系数为负数。研究具有零膨胀系数和负膨胀系数的材料，具有重要的科学意义和实用背景，仍是当前材料学领域的一大热门方向。

3.9.2　热传导

简谐近似下，声子之间无相互作用。某种声子一旦被激发，既不能将热量传递给其他频率的声子，也不能处于热平衡，不能解释热传导现象。这说明非谐作用是热传导的主因。最容易发生的声子相互作用过程为三声子过程。当两个声子通过非谐近似作用产生第3个声子时，满足能量、准动量守恒：

$$\hbar\omega_1 + \hbar\omega_2 = \hbar\omega_3$$

$$\hbar\boldsymbol{q}_1 + \hbar\boldsymbol{q}_2 = \pm\hbar\boldsymbol{q}_3 \pm \hbar\boldsymbol{G}$$

在声子相互作用过程中，存在两种情形，即正常过程和倒逆过程。倒逆过程这个名词由出生于德国的英国犹太裔物理学家鲁道夫·恩寺塔·佩尔斯在1929年研究晶格点阵时提出。

正常过程　在该过程中，由于两个声子波矢 $\boldsymbol{q}_1$ 和波矢 $\boldsymbol{q}_2$ 比较小，合成的声子波矢 $\boldsymbol{q}_3$ 仍在第一布里渊区内（见图3-33）。此时，总的运动方向不变，不产生热阻，但可使得声子之间交换能量和波矢，对建立热平衡有着重要的意义。

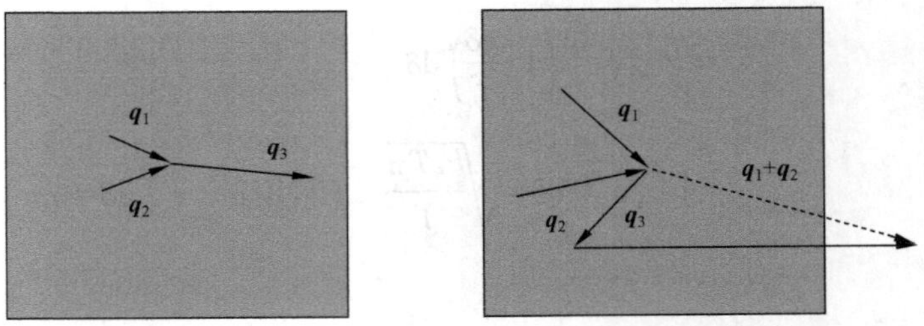

图 3-33　正常过程和倒逆过程声子相互作用过程示意图

倒逆过程　在该过程中，由于声子波矢 $\boldsymbol{q}_1$ 和波矢 $\boldsymbol{q}_2$ 足够大，合成的声子波矢 $\boldsymbol{q}_3$ 超出第一布里渊区。此时，可选取适当的波矢 $\boldsymbol{G}$ 使得 $\boldsymbol{q}_3+\boldsymbol{G}=\boldsymbol{q}'$ 落在第一布里渊区内。根据色散关系的周期性，$\boldsymbol{q}'$ 和 $\boldsymbol{q}_3$ 实际描述了同一种状态。由于 $\boldsymbol{q}'$ 相对 $\boldsymbol{q}_1$ 和 $\boldsymbol{q}_2$ 的方向发生了大的改变，因而产生了热阻。

热导率随温度的变化规律　可将晶格的热传导看作是封闭在晶体内的声子气体的热传导，这样，热导率就可借用气体的热导率公式

$$\kappa=\frac{1}{3}C_V v l$$

式中，κ 为晶体的热导率；C_V 为定容晶格热容；v 为声子的平均速度；l 为声子的平均自由程，代表声子无阻碍地从热端传播到冷端的距离，具体由声子间的碰撞、晶界、杂质、缺陷等对声子的散射来决定。

在高温区（$T>\Theta_D$），平均声子数可表示为

$$\bar{n}=\frac{1}{\mathrm{e}^{\hbar\omega/k_B T}-1}\approx\frac{k_B T}{\hbar\omega}$$

与温度 T 成正比，被激发的声子数目很大而且存在较大的波矢足以产生倒逆过程，此时平均自由程与温度无关，近似有

$$\kappa\propto\frac{1}{T}$$

在中温区（$T<\Theta_D$），产生倒逆过程的波矢应比较大，约为 $G/4$，对应的能量约为 $\hbar\omega_m/2=k_B\Theta_D/2$。激发这种声子的概率正比于 $\mathrm{e}^{-\Theta_D/T}$，所以，平均自由程满足

$$l\propto \mathrm{e}^{\Theta_D/T}$$

此时，热容 C_V 与 T^{α}（$\alpha\approx 2$）近似成正比。综上，中温区的热导率满足

$$\kappa\propto T^{\alpha}\mathrm{e}^{\Theta_D/T}$$

在低温区（$T\ll\Theta_D$），此时，由于激发倒逆过程的概率极小，l 将非常大，和晶体的线度接

近，热导率主要由低温热容决定。由于低温下热容 C_V 与 T^3 成正比，因此

$$\kappa \propto T^3$$

晶体的杂质、缺陷也存在声子散射而产生热导，但在低温下主要是长波声子被激发，杂质、缺陷并非有效的散射体，对热阻的贡献很小。随着温度升高，它们的作用才显现出来。表 3-4 给出了典型非金属晶体的热导率和平均自由程。根据前面所述内容，由于变温过程中平均自由程和热容的变化，热导率也表现出不同。

表 3-4　典型非金属晶体的热导率和平均自由程

非金属晶体	$T=273$ K		$T=77$ K		$T=20$ K	
	$\kappa/(\mathrm{Wm^{-1}K^{-1}})$	l/m	$\kappa/(\mathrm{Wm^{-1}K^{-1}})$	l/m	$\kappa/(\mathrm{Wm^{-1}K^{-1}})$	l/m
Si	150	4.3×10^{-8}	1 500	2.7×10^{-6}	4 200	4.1×10^{-4}
Ge	70	3.3×10^{-8}	300	3.3×10^{-7}	1 300	4.5×10^{-5}
SiO_2	14	9.7×10^{-9}	66	1.5×10^{-7}	700	7.5×10^{-5}
CaF_2	11	7.2×10^{-9}	39	1.0×10^{-7}	85	1.0×10^{-5}
NaCl	6.4	6.7×10^{-9}	29	5.0×10^{-8}	45	2.0×10^{-6}
LiF	10	3.3×10^{-9}	150	4.0×10^{-7}	9 000	1.2×10^{-3}

【习题】

1. 讨论 N 个原胞的一维双原子链（相邻原子间距为 a），其 $2N$ 个格波解，当 $M=m$ 时与一维单原子链的结果一一对应。

2. 考虑一双子链的晶格振动，链上最近邻原子间的力常数交错地为 β 和 10β，两种原子质量相等，且最近邻原子间距为 $a/2$。试求色散关系，并粗略画出色散关系曲线。此问题模拟如 H_2 这样的双原子分子晶体。

3. 考虑一个全同原子组成的平面方格子，用记第 l 行第 m 列的原子垂直于格平面的位移，设每个原子质量为 M，最近邻原子的力常数为 c，试：

（1）证明运动方程为

$$M\left(\frac{\mathrm{d}^2\mu_{l,m}}{\mathrm{d}t^2}\right)=c[(\mu_{l+1,m}+\mu_{l-1,m}-2\mu_{l,m}+(\mu_{l,m+1}+\mu_{l,m-1}-2\mu_{l,m})]$$

（2）设解的形式为

$$\mu_{l,m}=\mu(0)\mathrm{e}^{\mathrm{i}(lk_x a+mk_y a-\omega t)}$$

试给出色散关系。

（3）给出在该模型的第一布里渊区，并画出 $k=k_x$，$k_y=0$ 的色散关系图和 $k_x=k_y$ 的色散关系图。

(4) 证明 $k\to 0$ 时,色散关系满足 $\omega=(ca^2/M)^{1/2}k$。

4. 假设某一维单原子链的晶格常数为 a,每个原子质量为 m,只考虑最近邻原子之间的相互作用,

(1) 写出简谐近似下该原子链的晶格振动色散关系。

(2) 假设该原子链的晶格常数 a 为 1 Å,在长波极限下的声速为 2×10^3 m/s,请估算该原子链格波的截止频率值。

5. 一维复式格子 $m=5\times1.67\times10^{-24}$ g,$\dfrac{M}{m}=4$,$\beta=1.5\times10^{1}$ N/m(即 1.51×10^{4} dyn/cm),求:

(1) 光学波 $\omega_{\max}^{0}$,$\omega_{\min}^{0}$,声学波 $\omega_{\max}^{A}$。

(2) 相应声子能量是多少电子伏。

(3) 在 300 K 时的平均声子数。

(4) 与 $\omega_{\max}^{0}$ 相对应的电磁波波长在什么波段。

6. 计算德拜近似下一维晶格的晶格振动模式密度。

7. 由 N 个相同原子组成的线度为 L 的一维晶格,在德拜近似下计算比热,并论述在低温极限比热正比与 T。

8. 有 N 个相同原子组成的面积为 S 的二维晶格,在德拜近似下计算比热,并论述在低温极限比热正比与 T^2。

9. 在绝对零度下,每个谐振子都冻结在基态,对应的能量为 $\dfrac{1}{2}\hbar\omega$,试通过德拜模型求解晶体的零点振动能。

10. 已知 NaCl 晶体平均每对离子的相互作用能为

$$U(r)=-\frac{\alpha q^2}{4\pi\varepsilon_0 r}+\frac{\beta}{r^n}$$

其中马德隆常数 $\alpha=1.75$,$n=9$,平衡离子间距为 $r_0=2.82$ Å。

(1) 试求离子在平衡位置附近的振动频率。(提示:采用一维双原子链模型,求出长光学波极限频率值)

(2) 计算与该频率相当的电磁波的波长,并与 NaCl 红外吸收频率对应的波长的测量值 61 μm 进行比较。

第4章　自由电子气理论

研究材料的导电性质，是从金属开始的。科学家很早就发现了金属的欧姆定律，1900年，德国物理学家保罗·德鲁德提出了经典自由电子气模型，很好地解释了金属的欧姆定律，但是，在解释金属热容方面，仍存在问题。量子力学的诞生，大大加速了科研工作者对金属导电性质的认识。1928年，索末菲将量子力学引入了金属的自由电子气模型，结合泡利不相容原理，不仅从微观层面解释了金属的导电机理，也成功解释了金属的热容和维德曼-夫兰兹定理。

4.1　经典自由电子气模型（Drude 模型）

1900年，德国物理学家保罗·德鲁德（Paul Drude，见图4-1）在德国期刊 *Annalen der Physik* 发表德文文章，提出经典自由电子气模型，用来解释材料（特别是金属）的电输运性质，也被叫作 Drude 模型。通过该模型，可以解释欧姆定律、直流电和交流电传导、霍尔效应，以及热传导。

图4-1　保罗·德鲁德（1863—1906，德国物理学家）

4.1.1　经典自由电子气模型的几点假设

这个模型将气体动力学理论应用在了电子中，它假设固体中电子的微观行为可以经典地处理，并且表现得很像弹球机，其中电子不断在较重的、相对固定的正离子之间来回反弹（见图4-2）。

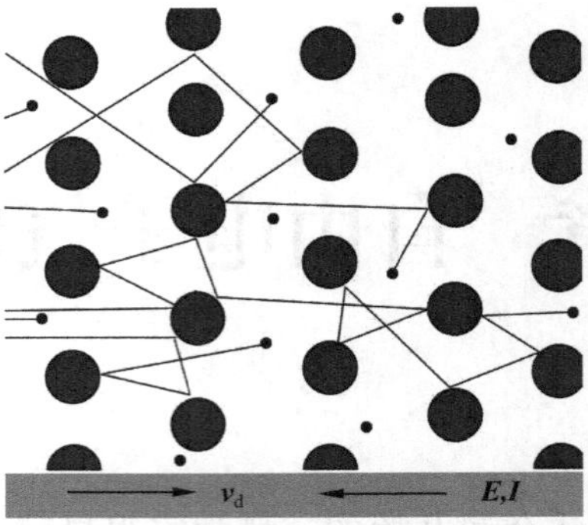

图 4-2 经典自由电子气模型示意图

(1) 电子和离子实可产生碰撞反弹,除此之外,电子和离子实无其他作用,电子可自由地在晶格空间中运动,这种近似通常被称为自由电子近似。

(2) 电子之间没有相互作用,也不发生碰撞,电子可彼此独立地运动,这种近似可称之为独立电子近似。

(3) 电子两次碰撞之间的平均时间称为弛豫时间 τ,它与电子的位置和速度无关。该近似称之为弛豫时间近似。

(4) 电子在两次碰撞之间的运动为直线运动。

(5) 碰撞事件发生后,电子的速度和方向分布仅由局部温度决定,与碰撞事件前电子的速度无关。电子在碰撞后被认为立即与局部温度达到平衡。

从今天的观点看,该模型至少存在以下几点不妥之处:

(1) 未考虑电子之间的碰撞。价电子密度的数量级为 10^{19},在如此高的电子密度下,电子之间的碰撞不能忽视。

(2) 未考虑周期性势场的作用。这对分析具体金属材料的导电性强弱造成了困难。

(3) 在 Drude 模型中计算的散射长度约为 10~100 个原子间距,而且这些长度也无法得到合适的微观解释。

(4) 未考虑电子之间的作用。在强关联电子体系中,必然失效。

然而,应用该模型很容易解释金属材料的一些物理性能。

4.1.2 欧姆定律

假设了电场 $\boldsymbol{E}$ 既是均匀的又是恒定的,且电子的热速度足够大,使得它们在碰撞之间仅仅积累了无穷小的动量 $\boldsymbol{p}$,两次碰撞的平均时间,即弛豫时间为 τ。在它上一次碰撞期间,这个电子向前面反弹的机会将刚刚与向后面反弹的机会相等,因此所有对电子动量的之前的贡献都可以忽略,便得到表达式:

$$\boldsymbol{p}=-e\boldsymbol{E}\tau$$

式中,e 为电子带电量;$\boldsymbol{E}$ 为电场。代入动量 $\boldsymbol{p}=m\boldsymbol{v}$($\boldsymbol{v}$ 为电子速度,m 为电子质量)和电流密

度 $\boldsymbol{j}=-ne\boldsymbol{v}$（$n$ 为电子密度）可得

$$\boldsymbol{j}=\frac{ne^2\tau}{m}\boldsymbol{E}$$

电导率 $\sigma=\frac{ne^2\tau}{m}$，上式可进一步改写为

$$\boldsymbol{j}=\sigma\boldsymbol{E}$$

这说明金属的电流密度和驱动电场表现出线性关系，定性解释了金属的欧姆定律。对于霍尔效应，也可以定性解释。

4.1.3　电子热容

根据经典统计理论，每个电子的平均热动能为$\frac{3}{2}k_BT$，这样电子气的内能密度就可表示为

$$E=\frac{3}{2}nk_BT$$

这样，电子对金属热容的贡献将为

$$C_e=\frac{3}{2}nk_B$$

是跟温度无关的常数。但实验结果表明，金属的热容主要由晶格振动贡献，电子的贡献远比上式计算的结果要小得多。而实际上，C_e 与温度相关，并在低温下随温度的降低而趋近于0。因此，德鲁德的金属电子气模型在解释金属的电子热容方面并不成功。

4.1.4　维德曼-夫兰兹（Wiedemann-Franz）定理

维德曼-夫兰兹定理是德国物理学家古斯塔夫·海因里希·维德曼（Gustav Heinrich Wiedemann）和鲁道夫·夫兰兹（Rudolph Franz）于1853年由大量实验事实发现，它描述了金属电导率 σ 和热导率 κ 之间的关系。

$$\frac{\kappa}{\sigma}=LT$$

式中，L 为洛伦茨系数；T 为温度。

在证明维德曼-夫兰兹定理时，德鲁德犯了一个统计错误，高估了碰撞之间的平均时间，将其乘以2倍，导致其计算出的洛伦茨系数和实验值比较接近。前面已通过 Drude 模型获得了金属的电导率 $\sigma=\frac{ne^2\tau}{m}$，现通过该模型推导金属的热导率。

金属自由电子气的热导率和声子的热导率类似，均仿照气体的热导率公式给出，

$$\kappa=\frac{1}{3}C_evl$$

式中，v 为电子的平均速度；l 为电子的平均自由程。平均自由程与弛豫时间的关系为

$$l=v\tau$$

而 v 与平均热动能具有如下关系：

$$\frac{mv^2}{2}=\frac{3}{2}k_BT$$

因此,可得到自由电子气的热导率为

$$\kappa=\frac{3n\tau\kappa_B^2T}{2m}$$

假设导电和导热过程中电子的弛豫时间 τ 相同,则可得到 κ 与 σ 的比值为

$$\frac{\kappa}{\sigma}=\frac{3}{2}\left(\frac{k_B}{e}\right)^2T$$

因此,可得到洛伦茨系数为

$$L=\frac{\kappa}{\sigma T}=\frac{3}{2}\left(\frac{k_B}{e}\right)^2$$

通过 Drude 模型,可定性给出维德曼-夫兰兹定理。但需要指出的是,在证明过程中,通过经典统计理论给出的热容表达,高估了电子热容的贡献,将电子实际热容高估了 100 倍;通过经典模型给出的热动能表达,将电子的能量低估了 100 倍;再加上 2 倍因子的统计错误,使得 Drude 模型给出的洛伦茨因子出奇得一致。

4.2 量子力学框架下的电子气理论

在实际金属材料中,低温下的热容,总是跟实验存在一定的偏差,这是什么原因呢? 1928 年,德国物理学家阿诺·约翰内斯·威廉·索末菲(Arnold Johannes Wilhelm Sommerfeld,见图 4-3)在学术杂志 *Zeitschrift für Physik* 发表文章,在 Drude 模型基础上,引入量子力

图 4-3 阿诺·约翰内斯·威廉·索末菲(1868—1951,德国物理学家)

学和电子的费米-狄拉克统计,形成了量子力学框架下的电子气理论。相关理论不仅成功解释了金属的电子热容与温度的关系,还精确给出了维德曼-夫兰兹定理中洛伦兹因子的精确表达,电子的态密度表达,电子结合能的范围,电导率,热电效应的塞贝克系数,金属中的热电子发射和场发射,等等。

4.2.1 索末菲的假设

在德鲁德对自由电子气模型的基本假设前提下,索末菲只增加了一个假设,即泡利不相容原理。系统的每个量子态只能被一个电子占据。这种可用电子态的限制由费米-狄拉克统计考虑。自由电子模型的主要预测是通过费米-狄拉克分布在费米能级附近的能量的朗道展开得出的。

4.2.2 自由电子气的薛定谔方程、能级

和 Drude 模型一样,索末菲假设电子之间不存在相互作用,但存在一个势场的作用。这个势场是一个无穷大势阱,在势阱内部,不存在势场,电子可自由地运动。势阱的作用使得电子难以从金属表面逃逸出去。因此,金属的边界具有无穷大的势阱。

这样,电子的薛定谔方程可简单地表示如下:

$$\frac{-\hbar^2}{2m}\nabla^2\psi(\boldsymbol{r})=E\psi(\boldsymbol{r})$$

该薛定谔方程对应的自由电子的波函数和能级具有如下表达:

$$\psi(\boldsymbol{r})=\frac{1}{\sqrt{V}}\mathrm{e}^{\mathrm{i}\boldsymbol{k}\cdot\boldsymbol{r}}$$

$$E=\frac{\hbar^2k^2}{2m}$$

式中,V 为晶体的体积,系数$\frac{1}{\sqrt{V}}$由归一化条件得到;$\boldsymbol{k}$ 为电子的波矢。在 $\psi(\boldsymbol{r})$ 描述的状态中,自由电子的动量为 $\hbar\boldsymbol{k}$,电子的速度为 $\boldsymbol{v}$ 为 $\hbar\boldsymbol{k}/m$,电子的能量为$\frac{\hbar^2k^2}{2m}$。

波函数被限制在晶体内部,波矢 $\boldsymbol{k}$ 的取值,可采用周期性边界条件得到。此时,波函数应满足:

$$\psi(\boldsymbol{r})=\psi(\boldsymbol{r}+N_1\boldsymbol{a}_1)$$

$$\psi(\boldsymbol{r})=\psi(\boldsymbol{r}+N_2\boldsymbol{a}_2)$$

$$\psi(\boldsymbol{r})=\psi(\boldsymbol{r}+N_3\boldsymbol{a}_2)$$

这样,$\boldsymbol{k}=\frac{n_1}{N_1}\boldsymbol{b}_1+\frac{n_2}{N_2}\boldsymbol{b}_2+\frac{n_3}{N_3}\boldsymbol{b}_3(n_1,n_2,n_3=0,\pm1,\pm2,\pm3,\cdots)$。为简单起见,可认为晶体为长、宽、高均为 L 的立方体。这样 $\boldsymbol{k}=\frac{2\pi n_x}{L}\boldsymbol{l}+\frac{2\pi n_x}{L}\boldsymbol{j}+\frac{2\pi n_x}{L}\boldsymbol{k}(n_x,n_y,n_z=0,\pm1,\pm2,\pm3,\cdots)$,可将

波矢 $\boldsymbol{k}$ 限定在 k 空间。显然,自由电子的能量是不连续的。但是,当 L 非常大时,能级之间的差值较小,可近似看成准连续的。

4.2.3 自由电子气的能态密度

能态密度即能量介于 $E \sim E+\Delta E$ 之间的量子态数目 ΔZ 与能量差 ΔE 之比,即单位频率间隔之内的模数,即 $g(E)=\lim\limits_{\Delta\omega\to 0}\dfrac{\Delta Z}{\Delta E}=\dfrac{\mathrm{d}Z}{\mathrm{d}E}$。

和晶格振动模式密度类似,我们依然引入中间量波矢。因为电子的状态由 $\boldsymbol{k}$ 决定,每个波矢均代表1个电子状态。$\boldsymbol{k}$ 的分布是均匀的,每个波矢代表点的体积为 $\dfrac{(2\pi)^3}{V}$,其倒数 $\dfrac{V}{(2\pi)^3}$ 表示电子状态按照波矢的分布密度,称为态密度。

根据能量 E 与 $\boldsymbol{k}$ 的关系,自由电子在倒格子空间的等能面为球面。能量小于 E 的状态代表点均落在半径为 $k=\dfrac{\sqrt{2mE}}{h}$ 的等能面内,所包含的总状态数应为

$$Z=\frac{2V}{(2\pi)^3}\frac{4}{3}\pi k^3=\frac{V}{3\pi^2}\left(\frac{2m}{h^2}\right)^{\frac{3}{2}}E^{\frac{3}{2}}$$

上式包含因子2,这是因为电子存在两种自旋状态。

因此,能态密度可表示为

$$g(E)=\frac{V}{2\pi^2}\left(\frac{2m}{\hbar^2}\right)^{\frac{3}{2}}E^{\frac{1}{2}}$$

根据上式,自由电子的能态密度和能量的开方成正比,等能面为球形(见图4-4)。

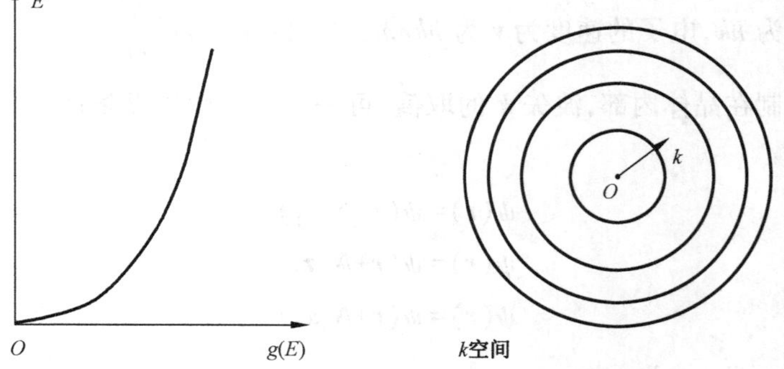

图4-4 电子的能态密度和等能面

4.3 电子的热容

索末菲将薛定谔方程引入自由电子气模型中，获得了自由电子的能量。电子的能量不是连续的，具有量子化的特征。要计算电子的热容，首先需要获得在特定温度下自由电子的平均能量。只知道电子的能态密度还不够，还需要知道电子占据特定能量状态上的概率。假设该概率为$f(E)$，可求得电子的平均能量为

$$\bar{E}=\frac{1}{N}\int Eg(E)f(E)\,\mathrm{d}E$$

获得电子在特定能量状态的平均粒子数在20世纪初并不是一个简单的事情。自英国物理学家1897年约瑟夫·约翰·汤姆逊(Joseph John Thomson)发现电子，科学家对于电子的本质一直存在争议。1925年，奥地利物理学家沃尔夫冈·恩斯特·泡利(Wolfgang Ernst Pauli)提出了著名的泡利不相容原理：不可能存在两种或两个以上的粒子处于完全相同的状态。1926年，美籍意大利物理学家恩利科·费米(Enrico Fermi，见图4-5)和英国物理学家保罗·阿德里安·莫里斯·狄拉克(Paul Adrien Maurice Dirac，见图4-6)各自独立地发表了有关电子统计规律的两篇学术论文"On the Quantization of the Monoatomic Ideal Gas"和"On the Theory of Quantum Mechanics。Proceedings of the Royal Society"。另有来源显示，P. 乔丹(Pascual Jordan)在1925年也对这项统计规律进行了研究，他称之为"泡利统计"，不过他并未及时地发表他的研究成果。狄拉克称此项研究是费米完成的，他称之为"费米统计"，并将对应的粒子称为"费米子"。

图4-5 恩利克·费米(1901—1954，美籍意大利物理学家)

图 4-6 保罗·阿德里安·莫里斯·狄拉克(1902—1984,英国物理学家)

4.3.1 电子的本质——费米子

无论是光子,还是具有准粒子特征的声子,其本质上是玻色子,即在同一能级上存在的粒子数是不受限制的。其在统计上遵循玻尔兹曼分布。而同一能级上最多只能存在两个自旋相反的电子,这就导致电子遵循的统计规律与玻尔兹曼分布表现出不同。

4.3.2 费米-狄拉克统计(Fermi-Dirac statistics)

费米-狄拉克统计是统计力学中描述由大量满足泡利不相容原理的费米子组成的系统中粒子分处不同量子态的统计规律。费米-狄拉克统计的适用对象是热平衡的费米子(自旋量子数为半奇数的粒子)。此外,应用此统计规律的前提是系统中各粒子间相互作用可忽略不计。如此便可用粒子在不同定态的分布状况来描述大量微观粒子组成的宏观系统。

根据费米-狄拉克分布,自由电子在特定能量状态的概率为

$$f(E)=\frac{1}{e^{\frac{E-\mu}{k_B T}}+1}$$

式中,T 为绝对温度,单位为 K;E 为单个电子在某个量子态的能量。当 $T=0$ K 时,化学势就是系统的费米能级 E_F。

4.3.3 电子的基态

当 $T=0$ K 时,电子处于基态,也就是体系的最低能态。此时,费米能级是电子是否占据能态的分界线。对于 E 小于 E_F 的量子态,电子占据相应量子态能级为 1,而对于 E 大于 E_F 的量子态,电子占据相应量子态的能级为 0,具体表达如下:

$$f(E)=\begin{cases}1 & E<E_F\\ 0 & E>E_F\end{cases}$$

也就是说,能量高于 E_F 的状态不被电子占据,为空状态。而能量低于 E_F 的状态被电子占

满。电子占据的能级由低到高的顺序依次填充，E_F 为单个电子的最高能级。假设系统中总共有 N 个电子，可通过电子的能态密度，求出绝对零度时的费米能级为

$$N=\int_0^{E_F} g(E)\,\mathrm{d}E=\int_0^{E_F}\frac{V}{2\pi^2}\left(\frac{2m}{\hbar^2}\right)^{\frac{3}{2}}E^{\frac{1}{2}}\mathrm{d}E$$

$$=\frac{V}{3\pi^2}\left(\frac{2m}{\hbar^2}\right)^{\frac{3}{2}}E_F^{\frac{3}{2}}$$

根据上式可得

$$E_F=\frac{\hbar^2}{2m}(3\pi^2 n)^{\frac{2}{3}}$$

式中，n 为电子密度，代表单位体积内的电子数。通过上式，可给出金属的费米能级(见表4-1)。

表4-1　常见金属在室温下的电子浓度、费米波矢和费米能级

金属	电子浓度/10^{23} cm^{-1}	费米波矢/10^{10} m^{-1}	费米能级
Na	2.65	0.92	3.23
Cu	8.45	1.36	7.00
Ag	8.45	1.20	5.48
Au	5.90	1.20	5.51
Be	24.2	1.93	14.14
Mg	8.60	1.37	7.13
Sr	3.56	1.02	3.95
Ba	3.20	0.98	3.65
Zn	13.10	1.57	9.39
Cd	9.28	1.40	7.46
Al	18.06	1.75	11.63
Ga	15.30	1.65	10.36
In	11.49	1.74	8.60
Pb	13.20	1.57	9.37
Sn	14.48	1.62	10.03

最大的波矢称之为费米波矢 k_F，即

$$k_F=(3\pi^2 n)^{\frac{1}{3}}$$

在 k 空间内,能量为 E_F 的能级的等能量面称之为费米面。自由电子的费米面为球面。通过费米能级,可求出费米面的电子速度为

$$v_F=\frac{\hbar k_F}{m}$$

定义费米能级对应的温度为费米温度,即

$$T_F=\frac{E_F}{K_B}$$

在费米温度以下,电子将表现出显著的量子效应。在绝对零度,费米球内的所有状态均被电子填满。而在费米球外的状态均为空状态。在基态下,电子的平均能量为

$$\bar{E}=\frac{1}{N}\int_0^{E_F}Eg(E)f(E)\,\mathrm{d}E=\frac{1}{N}\int_0^{E_F}E\frac{V}{2\pi^2}\left(\frac{2m}{\hbar^2}\right)^{\frac{3}{2}}\mathrm{d}E$$

$$=\frac{1}{N}\frac{V}{5\pi^2}\left(\frac{2m}{\hbar^2}\right)^{\frac{3}{2}}E_F^{\frac{3}{2}}=\frac{3}{5}E_F$$

[例题] 试估算 Ag 的费米波矢、费米能级、费米速度和费米温度,其中,阿伏伽德罗常数 $N_A=6.022\times10^{23}$,电子质量为 $m=9.11\times10^{-31}$ kg,Ag 的相对原子质量为 107.868,密度为 10.49 g/cm^3,普朗克常数为 1.054×10^{-34} J·s。

解:根据定义,可给出费米波矢的表达

$$k_F=\left(\frac{2\pi^2\times N_A\rho}{M}\right)^{\frac{1}{3}}$$

$$=\left(\frac{3\pi^2\times6.022\times10^{23}\times10.49\times10^6}{107.868}\right)^{\frac{1}{3}}$$

$$=1.201\times10^{10}\ \mathrm{m}^{-1}$$

由此,可求得 Ag 的费米能级为

$$E_F=\frac{\hbar^2k_F^2}{2m}=5.50\ \mathrm{eV}$$

Ag 的费米速度为

$$v_F=\frac{\hbar k_F}{m}=\frac{1.054\times10^{-34}\times1.201\times10^{10}}{9.11\times10^{-31}}=1.38\times10^6\ \mathrm{m/s}$$

Ag 的费米温度为

$$T_F=\frac{E_F}{K_B}=\frac{1.054\times1.6\times10^{-19}}{1.38\times10^{-23}}=6.37\times10^4\ \mathrm{K}$$

综上,Ag 的费米波矢、费米能级、费米速度和费米温度分别为 $1.201\times10^{10}\ \mathrm{m}^{-1}$、5.50 eV、$1.38\times10^6$ m/s 和 6.37×10^4 K。

4.3.4 电子的激发态

当 $T>0$ K 时，电子处于激发态。电子有可能获得热能从费米面跃迁至费米面以外的状态。此时，电子占据能级的概率具有如下规律：

对于 E 远大于 E_F($E-E_F>$几 k_BT)的量子态，电子占据对应量子态能级的概率为0；对于 E 远小于 E_F($E-E_F<$几 k_BT)的量子态，电子占据对应量子态能级的概率为1；对于 E 等于 E_F 的量子态，电子的平均数为$\frac{1}{2}$，具体表达如下：

$$f(E)=\begin{cases}0 & E-E_F>\text{几 } k_BT\\ \frac{1}{2} & E=E_F\\ 1 & E-E_F<\text{几 } k_BT\end{cases}$$

在激发态，电子的分布情况与绝对零度不同(见图4-7)。在费米面内，出现空状态；而费米面外，也存在电子占据状态，费米面不再是空状态和满状态的分界线(见图4-8)。要确定激发态电子的平均能量，首先需要获得电子的费米能级。电子费米能级的求解，只能通过近似得到。通过近似，可求得电子的费米能级为

$$E_F=E_F^0\left[1-\frac{\pi^2}{12}\left(\frac{k_BT}{E_F}\right)^2\right]$$

式中，E_F^0 为绝对零度下的费米能级。相对于绝对零度，随温度上升，费米能级有所降低，但降低得并不多，可近似视为相等。

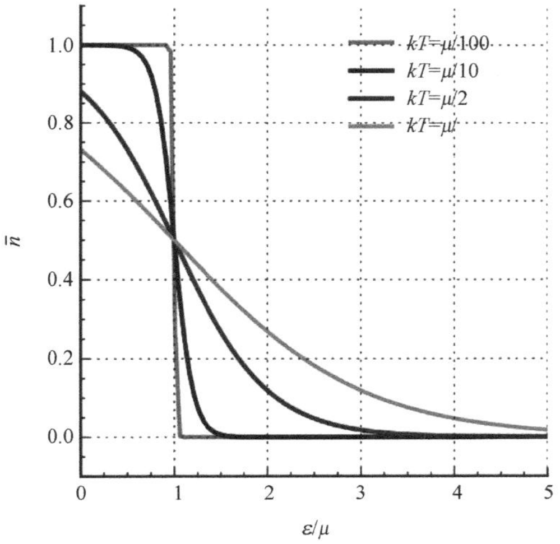

图4-7 电子占据量子态概率与能级的关系

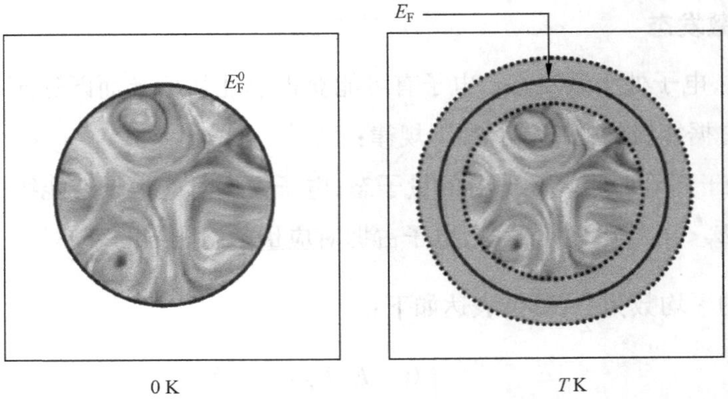

图 4-8 电子在基态和激发态的等能面示意图

对于激发态，电子的平均能量可表示为

$$\bar{E}=\frac{1}{N}\int_{0}^{\infty}E\frac{V}{2\pi^{2}}\left(\frac{2m}{\hbar}\right)^{\frac{3}{2}}\frac{1}{e^{\frac{E-\mu}{k_BT}}+1}\mathrm{d}E$$

上式无法严格求解，可通过和计算化学势相同的方法求得

$$\bar{E}=\frac{3}{5}E_F^0+\frac{\pi^2}{4}\frac{(k_BT)^2}{E_F}$$

上式第一项为基态电子平均能量，第二项为热激发所贡献的能量。在温度为 T 时，由于泡利原理的限制，并不是所有原子均能获得热能 k_BT。只有费米面以内大约为 k_BT 的能量范围内的电子受热激发后跃迁到费米面以外的空状态，这部分电子的数目与电子总数之比约为 k_BT/E_F，而每个受激发的电子平均获得热能约为 k_BT。

4.3.5 金属的电子热容

根据定义，可求出单位体积内金属的电子热容（假设价电子数为 1）为

$$C_e=n\frac{\mathrm{d}\bar{E}}{\mathrm{d}T}=\frac{\pi^2}{2}\frac{Nk_B^2T}{E_F}=\frac{\pi^2}{2}\frac{nk_BT}{T_F}$$

上述中，定义费米温度 $T_F=\frac{E_F}{k_B}$。在室温下，经典理论值为$\frac{3}{2}nk_B$。通过量子理论给出的电子热容和经典理论给出的电子热容比值大约为$\frac{\pi T}{T_F}$。以金属 Ag 为例，$\frac{\pi T}{T_F}$值大约为 0.015。因此，电子热容相对于晶格振动热容极小，可忽略不计。产生该现象的原因也是容易理解的。由于泡利不相容原理的影响，对于大多数电子，都远小于费米能级，不参与热容贡献，只有费米能级附近几 k_BT 附近的电子参与热容贡献。

在温度远小于德拜温度和费米温度的情况下，金属的电容可写成电子和热容贡献之和，即

$$C=\gamma T+AT^3$$

式中，γ 和 A 是标志金属材料特征的参数；γ 称为索末菲参量。电子贡献的热容是 T 的线性函数，并且在足够低的温度下占据主导地位。为作图方便，可将上式改写为

$$\frac{c}{T}=\gamma+\beta T^2$$

索末菲参量的观测值和理论值具有相同的量级，但存在差距（见表 4-2）。在有些金属材料中，甚至偏差极大。通常将索末菲参量理论值和观测值的比值表示为热有效质量 m_{th} 与电子质量的比值，即

$$\frac{m_{th}}{m}=\frac{\gamma(\text{观测})}{\gamma(\text{理论})}$$

产生偏差的原因和金属电子气的模型相关。在实际金属材料中，存在周期性势场的作用，电子与声子的作用，传导电子之间的相互作用。

科学家发现，一些金属化合物如 UBe_{13}、$CeAl_3$ 等具有很大的索末菲参量，比一般金属索末菲参量高出 2~3 数量级。这可能来源于近邻离子中 f 电子波函数的弱重叠效应，使这些材料的热有效质量达到 1 000m。

表 4-2　金属的索末菲参量观测值及理论值

金属	γ（观测）	γ（理论）	$\frac{m_{th}}{m}$
Li	1.63	0.749	2.18
Na	1.38	1.094	1.26
K	2.08	1.668	1.25
Rb	2.41	1.911	1.26
Cs	3.20	2.238	1.43
Be	0.17	0.500	0.34
Mg	1.30	0.992	1.3
Ca	2.90	1.511	1.90
Sr	3.6	1.790	2.0
Ba	2.7	1.937	1.4
Cu	0.695	0.505	1.38
Ag	0.646	0.645	1.00
Au	0.729	0.642	1.14
Zn	0.640	0.753	0.85
Cd	0.688	0.948	0.73
Hg	1.79	0.952	1.88
Ga	0.596	1.025	0.58

续表 4-2

金属	γ(观测)	γ(理论)	$\frac{m_{th}}{m}$
In	1.69	1.233	1.37
Tl	1.47	1.290	1.14
Sn	1.78	1.410	1.26
Rb	2.98	1.509	1.97

4.4 金属的电输运特性

4.4.1 电子的准经典运动方程

在量子理论中,电子的位置和速度不能同时确定。然而,要研究电子在外场下的运动规律,必须知道电子的位置。可以用 $\boldsymbol{k}$ 附近 $\Delta\boldsymbol{k}$ 的平面波波包来描述电子,电子的位置分布在 $\boldsymbol{r}$ 附近 $\Delta\boldsymbol{r}$ 的范围内。$\Delta\boldsymbol{k}$ 与 $\Delta\boldsymbol{r}$ 满足不确定关系,这样,$\boldsymbol{r}$ 与 $\hbar\boldsymbol{k}$ 在不确定关系的精度内描述电子位置与动量,波包的群速度就是电子的平均速度。于是电子可以看作准经典粒子,满足经典力学方程

$$\hbar\frac{\mathrm{d}\boldsymbol{k}}{\mathrm{d}t}=\boldsymbol{F}$$

在外加电场和磁场的作用下,电子的准经典力学方程可表示为

$$\hbar\frac{\mathrm{d}\boldsymbol{k}}{\mathrm{d}t}=-e(\boldsymbol{E}+\boldsymbol{v}\times\boldsymbol{B})$$

讨论金属和半导体的电输运特性时,这样的描述总是行之有效的。

4.4.2 金属的电导率和欧姆定律

仅考虑电场的情况下,电子的准经典力学方程为

$$\hbar\frac{\mathrm{d}\boldsymbol{k}}{\mathrm{d}t}=-e(\boldsymbol{E})$$

现考虑以电子气填充一个以 k 空间原点为中心的费米球。在不考虑碰撞时,恒定的外加电场使 k 空间的费米球匀速移动(见图 4-9),有

$$\boldsymbol{k}(t)=\boldsymbol{k}(0)-e\frac{\boldsymbol{E}}{\hbar}t$$

在金属中,电子可能与杂质、晶格缺陷和声子碰撞,这样 $\boldsymbol{k}(t)$ 不可能随时间无限增加。假设经过弛豫时间 τ 时,费米球维持一种稳态,则在达到稳态前费米球发生的位移可通过弛豫时间求出。

$$\delta\boldsymbol{k}=\boldsymbol{k}(\tau)-\boldsymbol{k}(0)=-e\frac{\boldsymbol{E}}{\hbar}\tau$$

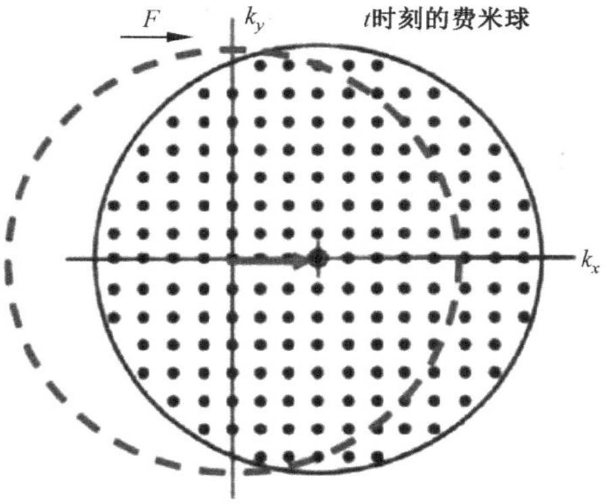

图 4-9　费米球在电场作用下的移动

这样，电子获得的速度就可通过费米位移求出：

$$\boldsymbol{v}=\frac{\hbar\delta\boldsymbol{k}}{m}=-e\tau\frac{\boldsymbol{E}}{m}$$

这样，容易求得电子的电流密度 $\boldsymbol{j}$，电导率 σ 和电阻率 ρ 分别为

$$\boldsymbol{j}=-ne\boldsymbol{v}=\frac{ne^2\tau}{m}\boldsymbol{E}$$

$$\sigma=\frac{ne^2\tau}{m}$$

$$\rho=\frac{m}{ne^2\tau}$$

通过量子理论给出的电导率与经典理论相同，但对导电机理的理解完全不同。

（1）弛豫时间确定于电子的碰撞，除满足动量守恒外，还必须满足泡利原理，即电子从 $\boldsymbol{k}$ 状态跃迁到 $\boldsymbol{k}'$ 状态，必须保证 $\boldsymbol{k}'$ 状态为空状态。

（2）只有费米面附近的电子才能跃迁到费米面外的空状态。换句话说，只有费米面附近的电子才参与导电。

（3）参与导电的电子，其平均速度近似等于费米速度。通过量子理论给出的电子平均速度，比经典理论给出的电子平均速度高出了 1 个数量级。因此得到的电子平均自由程，也要比经典理论大很多。

大多数金属的电阻率在室温下由传导电子和晶格声子的碰撞所支配，而在液氦温度下则由传导电子同晶格的杂质原子及缺陷的碰撞所支配。在低温下，对于相对纯净的金属，可表现出非常高的电导率。以纯铜为例，在液氦温度下，电导率约为室温下的 10^5 倍。在 4 K 下，弛豫时间 $\tau=2\times10^{-9}$ s，费米速度 $v_F=1.57\times10^8$ cm/s，其平均自由程可达 $l(4\ \mathrm{K})=0.3$ cm。而对于室温，费米速度基本不变，其平均自由程 $l(300\ \mathrm{K})=3\times10^{-6}$ cm。很显然，随着温度上升，由于声子激发的概率越来越大，电子与声子碰撞的概率越来远大，与声子碰撞的概率与

温度成正比。在德拜温度以上，声子浓度和温度 T 成正比，这样，弛豫时间将与温度成反比，从而导致了电阻率正比于温度（见图 4-10）。

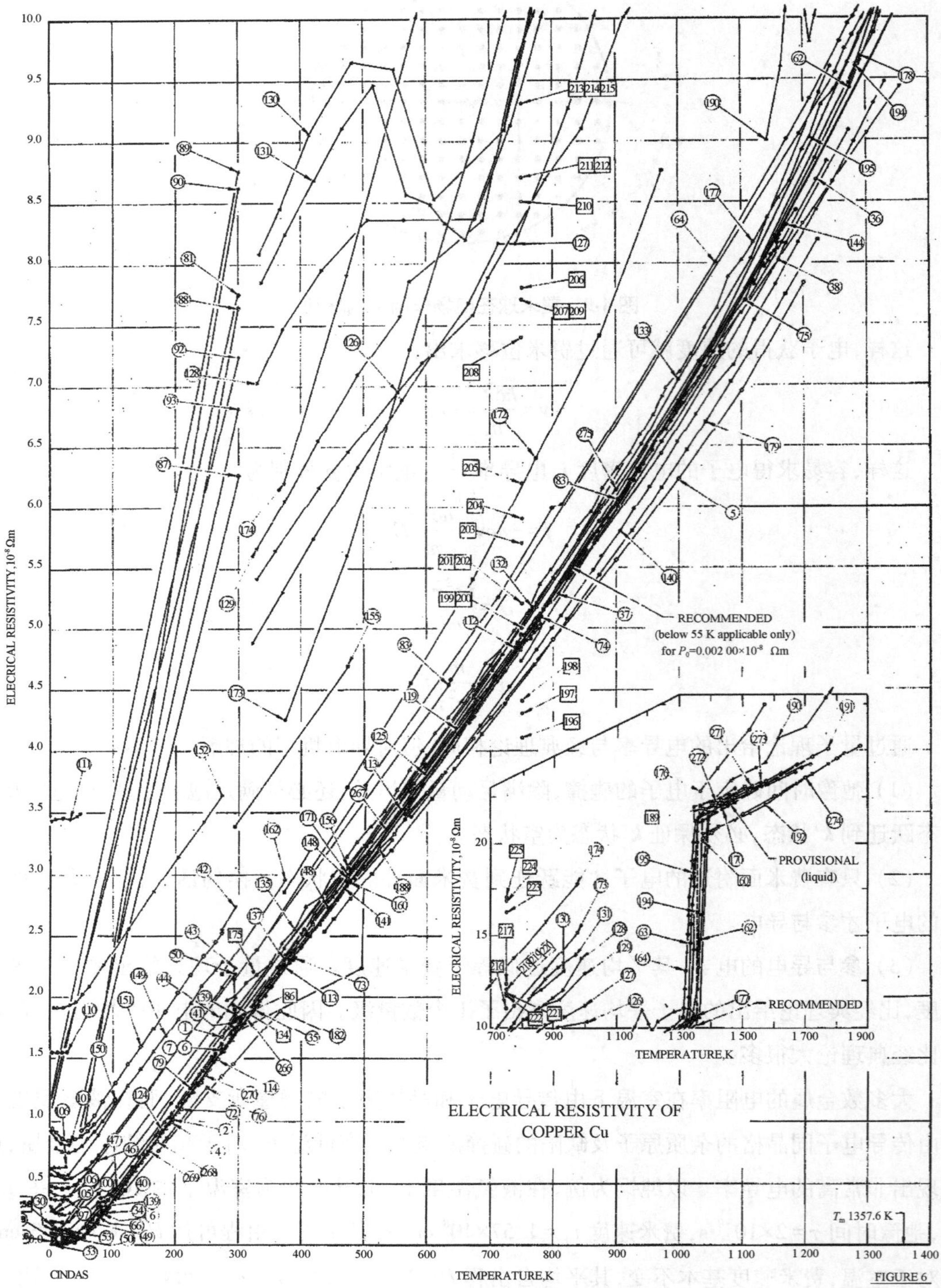

图 4-10　Cu 电阻率与温度的关系

4.5　金属的导热性

4.5.1　金属的热导率

在量子理论框架下，电子比热容远小于晶格热容，电子的平均速度近似等于费米速度，这样，给出的热导率和 Drude 模型存在差别：

$$\kappa=\frac{1}{3}C_e v_F l=\frac{\pi^2}{3}\frac{nk_B^2 T}{mv_F^2}\cdot v_F\cdot v_F\tau=\frac{\pi^2}{3}\frac{nk_B^2 T\tau}{m}$$

一般认为，在纯金属中，电子携带热流的比例在任何温度中都远大于声子携载的热流；在非纯金属或无序合金中，电子与杂质的碰撞导致平均自由程大幅减少，此时声子携带热流的比例可与电子贡献比拟。

4.5.2　热导率与电导率之比

在量子理论框架下，

$$\frac{\kappa}{\sigma}=\frac{\frac{\pi}{3}\frac{nk_B^2 T\tau}{m}}{\frac{ne^2\tau}{m}}=\frac{\pi^2}{3}\left(\frac{k_B^2}{e^2}\right)T$$

此时，得到的洛伦茨系数 L 为

$$L=\frac{\pi^2}{3}\left(\frac{k_B^2}{e^2}\right)=2.45\times10^{-8}\ \mathrm{V^2/K^2}$$

与实验值极为接近。

4.6　金属在磁场中的运动

4.6.1　磁场中的运动方程

当电子在磁场中运动时，其运动方程为

$$\hbar\left(\frac{\mathrm{d}}{\mathrm{d}t}+\frac{1}{\tau}\right)\delta\boldsymbol{k}=-e(\boldsymbol{E}+\boldsymbol{v}\times\boldsymbol{B})$$

式中，第二项代表碰撞效应引起的阻尼项，τ 为弛豫时间。利用 $m\boldsymbol{v}=\hbar\delta\boldsymbol{k}$，可将力学方程改写为

$$m\left(\frac{\mathrm{d}}{\mathrm{d}t}+\frac{1}{\tau}\right)\boldsymbol{v}=-e(\boldsymbol{E}+\boldsymbol{v}\times\boldsymbol{B})$$

当静磁场方向平行于 z 轴方向时，运动方程就是

$$m\left(\frac{\mathrm{d}}{\mathrm{d}t}+\frac{1}{\tau}\right)v_x=-e(E_x+Bv_y)$$

$$m\left(\frac{\mathrm{d}}{\mathrm{d}t}+\frac{1}{\tau}\right)v_y=-e(E_y+Bv_x)$$

$$m\left(\frac{\mathrm{d}}{\mathrm{d}t}+\frac{1}{\tau}\right)v_z=-eE_z$$

对于静电场中的稳态,时间导数 $m\frac{\mathrm{d}}{\mathrm{d}t}\boldsymbol{v}=0$,此时,漂移速度为

$$v_x=-\frac{e\tau}{m}E_x-\omega_c\tau v_y$$

$$v_y=-\frac{e\tau}{m}E_y-\omega_c\tau v_x$$

$$v_z=-\frac{e\tau}{m}E_z$$

式中,$\omega_c=\frac{eB}{m}$,称为回旋频率。

4.6.2 霍尔效应

当固体导体放置在一个磁场内,且有电流通过时,导体内的电荷载子受到洛伦兹力而偏向一边,继而产生电压(霍尔电压)的现象,该效应称之为霍尔效应(见图 4-11)。电压所引致的电场力会平衡洛伦兹力。通过霍尔电压的极性,可证实导体内部的电流是由带有负电荷的粒子(自由电子)之运动所造成。霍尔效应于 1879 年由埃德温 · 赫伯特 · 霍尔(Edwin Herbert Hall)发现。其中,霍尔系数为

$$R_{\mathrm{H}}=\frac{E_y}{j_xB}$$

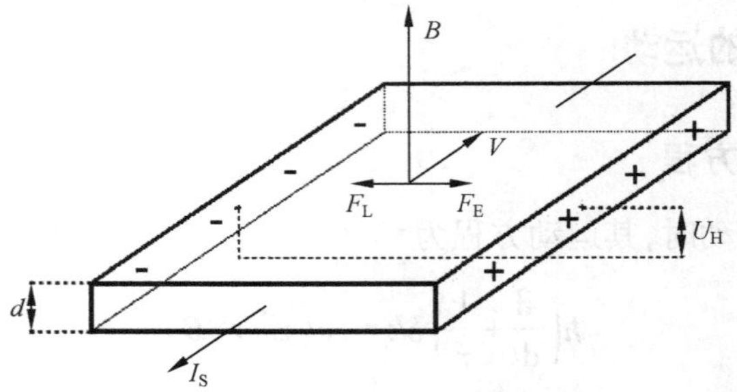

图 4-11 霍尔效应示意图

为方便起见,先考虑一个放置于纵向电场和横向磁场的棒形样品。实验过程中,y 方向开路,电流不能从 y 方向流出,必有 $\delta v_y=0$,这时,方程可简化为

$$v_x=-\frac{e\tau}{m}E_x$$

$$0=-\frac{e\tau}{m}E_y-\omega_c\tau v_x$$

利用$j_x=-nev_x=\dfrac{ne^2\tau E_x}{m}$可得霍尔系数

$$R_{\mathrm{H}}=\frac{E_y}{j_xB}=\frac{-\dfrac{\omega_c\tau v_xm}{e\tau}}{j_xB}=\frac{-\dfrac{eB\tau j_xm}{mne^2\tau}}{j_xB}=-\frac{1}{ne}$$

上式说明,载流子密度越低,霍尔系数的绝对值越大。大多数导体的霍尔系数均为负值。其中,对于每个原子含有 1 个价电子的 Na 和 K,霍尔系数实验值和理论值符合性很好。而对于价电子数多于 1 个的 Be、Al、In、As 等金属,其霍尔系数却为正值。同时,对于有些半导体,也出现霍尔系数为正值的现象。显然,该现象是自由电子理论无法解释的。

4.7 自由电子气理论的局限性

由于自由电子气模型未考虑周期性势场的作用,忽略了电子与声子的相互作用,忽略了电子与电子的相互作用。因此,在解释材料实际物理问题时,仍存在不少局限性。

4.7.1 温度依赖性

自由电子模型呈现了一些物理量具有错误的温度依赖性,或者根本没有依赖性,比如金属的电导率、半导体的电导率。在低温下,碱金属的热导率和比热可以被很好地预测,但是无法预测由离子运动和声子散射引起的高温行为。

4.7.2 霍尔效应和磁电阻

在 Drude 模型和自由电子模型中,霍尔系数具有一个恒定的值 $R_{\mathrm{H}}=-1/|ne|$。这个值与温度和磁场强度无关。实际上,霍尔系数依赖于能带结构,当研究镁和铝等具有强磁场依赖性的元素时,与该模型的差异可能相当显著。自由电子模型还预测了横向磁电阻,即沿电流方向的电阻,不依赖于磁场强度。然而,在几乎所有情况下,它确实依赖于磁场强度。

4.7.3 方向性

一些金属的电导率可能取决于样品相对于电场的方向。有时甚至电流也不与电场平行。这种可能性没有被描述,因为该模型未考虑金属的晶体学特征,例如离子的晶格周期性等。

4.7.4 电导率的多样性

并非所有材料都是电导体,有些电导性不强(绝缘体),有些在添加杂质时可以导电,如半导体,还存在具有窄导带的半金属。这种多样性并不是该模型所预测的,只能通过分析价带和导带来解释。此外,电子并非金属中唯一的电荷载体,电子空穴或空位可以被视为携带正电荷的准粒子。空穴的导电导致了模型预测的霍尔系数和塞贝克系数具有相反符号。

【习题】

1. 白矮星是宇宙中一类质量与太阳相当,但半径约只有太阳的 1/100 的天体。这种天体的高密度使得其中的电子不是被各自所属的单个原子核束缚,而是以简并电子气的形式存在。白矮星中的体积电子数密度为 10^{36} 个/m^3 量级,试估算白矮星的费米能级。

2. 试估算 K 的费米波矢、费米速度、费米温度和费米能级,其中,阿伏伽德罗常数 $N_A=6.022\times10^{23}$,电子质量为 $m=9.11\times10^{-31}$ kg, K 的相对原子质量为 39.098,密度为 0.856 g/cm^3,普朗克常数为 1.054×10^{-34} J·s。

3. 试对比在经典理论和量子力学框架中描述自由电子电导率的不同。

第5章　能带理论

索末菲模型最主要的缺陷在于，无法解释导电性与温度的依存性，无法解释金属、半导体和绝缘体的区别。这主要是其模型忽略了周期性势场的贡献。要考虑晶体中材料的导电性质，必须考虑电子与周期性的势场作用。

由于电子的速度远大于离子实的振动速度，在实际过程中，我们往往忽略离子实的振动，认为离子实静止在平衡位置，该近似通常称之为绝热近似，也称之为玻恩-奥本海默（Born-Openheime）近似。用量子力学研究电子的运动状态时，其哈密顿量较为复杂，既包括电子的动量，也包括电子和离子实的作用，还包括电子和电子的作用。薛定谔方程的求解是非常复杂的，因此，还需进行进一步简化。

（1）单电子近似　多电子问题简化为单电子问题，认为每个电子都固定在离子势和其他电子的平均势场 $V(\boldsymbol{r})$ 中。

（2）周期性势场近似　认为所有离子势场和其他电子的平均场是周期性势场，即满足晶格周期性。

$$V(\boldsymbol{r}+\boldsymbol{R}_m)=V(\boldsymbol{r})$$

这样，就得到了电子的薛定谔方程

$$\left[-\frac{\hbar^2}{2m}\nabla^2+V(\boldsymbol{r})\right]\psi(\boldsymbol{r})=E\psi(\boldsymbol{r})$$

求解上述薛定谔方程，就可确定晶体中电子的运动规律。布洛赫根据周期性势场的性质，给出了电子波的形式，奠定了能带理论的基础。

本章将从布洛赫定理开始，再通过两种不同的周期性势场近似方法（准自由电子近似和紧束缚近似），给出形成能带和禁带的物理原因，并进一步描述电子的准经典运动，给出导体、半导体和绝缘体在能带表现上的不同。

5.1　布洛赫定理

索末菲理论在解决金属电导率依赖性方面，遇到了很大的困难。1928 年，师从于德拜和薛定谔的瑞士科学家菲利克斯·布洛赫（见图 5-1）发表德文论文《关于晶体晶格中电子的量子力学》。在这篇论文中，布洛赫认为，电子在晶格中的运动可以通过一个严格的三维周期性力场的简化模型来研究。这篇论文首次给出了布洛赫波的表达,并引入了紧束缚方法,获得了能级表达。结合费米统计对电子的描述,该模型能够揭示电子对晶体比热的贡献。此外,还表明,考虑晶格的热振动后,金属电导率的量级和温度依赖性在定性上与实验观测结果一致。

图 5-1　费利克斯·布洛赫(1905—1983,瑞士物理学家)

布洛赫定理的数学基础在历史上却曾由乔治·威廉·希尔(1877 年),加斯东·弗洛凯(1883 年)和亚历山大·李雅普诺夫(1892 年)等独立地提出。布洛赫定理最常见的例子是描述晶体中的电子,特别是表征晶体的电子性质,比如电子能带结构。同时,布洛赫定理可以描述任何在周期性势场中的波。例如,电磁波在光学尺度上具有周期性介电结构的光子晶体中传播时,可通过布洛赫波描述,并导致光子禁带。弹性波在具有弹性常数周期性排列的声子晶体中传播时,亦可通过布洛赫波来描述,并导致弹性波带隙。

5.1.1　布洛赫定理

电子在周期性势场($V(\boldsymbol{r}+\boldsymbol{R}_m)=V(\boldsymbol{r})$)中传播时,电子波函数应具有如下形式:

$$\psi_k(\boldsymbol{r})=\mathrm{e}^{\mathrm{i}\boldsymbol{k}\cdot\boldsymbol{r}}u_k(\boldsymbol{r})$$

式中,电子波矢为 $\boldsymbol{k}=\frac{h_1}{N_1}\boldsymbol{b}_1+\frac{h_2}{N_2}\boldsymbol{b}_2+\frac{h_3}{N_3}\boldsymbol{b}_3$,与声子波矢具有相同的表达。$u_k(\boldsymbol{r})$满足晶格周期性,即

$$u_k(\boldsymbol{r}+\boldsymbol{R}_m)=u_k(\boldsymbol{r})$$

布洛赫定理即可表述为

$$\psi_k(\boldsymbol{r}+\boldsymbol{R}_m)=\psi_k(\boldsymbol{r})\mathrm{e}^{\mathrm{i}\boldsymbol{k}\cdot\boldsymbol{R}_m}$$

可以证明,上述两种表述是等价的。需要进行说明的有三点:

第一,布洛赫波函数 $\psi_k(\boldsymbol{r})$ 可分解成具有晶格周期性的函数 $u_k(\boldsymbol{r})$ 与平面波函数 $\mathrm{e}^{\mathrm{i}\boldsymbol{k}\cdot\boldsymbol{R}_m}$ 的乘积。这种分解并不是唯一的(见图 5-2)。

第二,如果用 $\boldsymbol{k}+\boldsymbol{G}$ 代替 $\boldsymbol{k}$,不影响布洛赫定理的表达。因此,可将 $\boldsymbol{k}$ 限制在第一布里渊区内,这样,每一个布洛赫态都有一个唯一的 $\boldsymbol{k}$ 值。

第三，根据布洛赫定理可以证明，电子出现的概率满足晶格周期性。

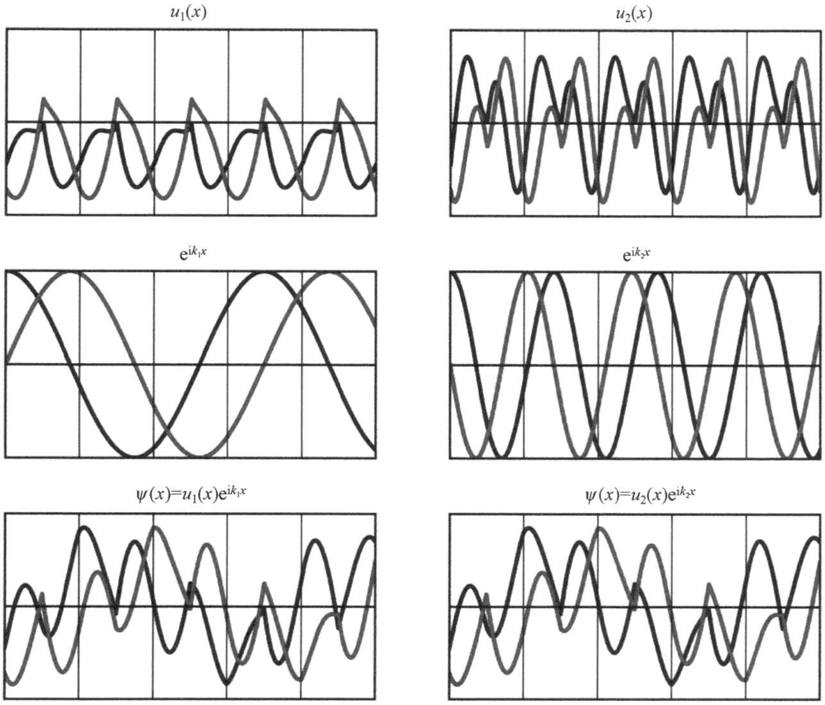

图 5-2 布洛赫定理的图像描述

5.1.2 布洛赫定理的证明

给出平移算符 $\hat{T}$，定义其对任意函数作用后，满足：

$$\hat{T}f(\boldsymbol{r})=f(\boldsymbol{r}+\boldsymbol{R}_m)$$

式中，$\boldsymbol{r}_m$ 为布拉菲格子矢量。根据量子力学基本原理。如果 $\hat{T}$ 和哈密顿量 $\hat{H}$ 对易，则拥有共同的本征函数和本征值。易得

$$\begin{aligned}\hat{T}\hat{H}f(\boldsymbol{r})&=\hat{H}(\boldsymbol{r}+\boldsymbol{R}_m)f(\boldsymbol{r}+\boldsymbol{R}_m)\\&=\left(-\frac{\hbar^2}{2m}\nabla_{\boldsymbol{r}+\boldsymbol{R}_m}{}^2+V(\boldsymbol{r}+\boldsymbol{R}_m)\right)f(\boldsymbol{r}+\boldsymbol{R}_m)\\&=\left(-\frac{\hbar^2}{2m}\nabla^2+V(\boldsymbol{r})\hat{T}f(\boldsymbol{r})\right)=\hat{H}\hat{T}f(\boldsymbol{r})\end{aligned}$$

因此，平移算符和哈密顿量相互对易，拥有共同的本征函数，假设共同本征函数为 $\psi(\boldsymbol{r})$，根据平移算符的性质，应有

$$\psi(\boldsymbol{r}+\boldsymbol{R}_m)=\hat{T}\psi(\boldsymbol{r})=(\lambda_1)^{m_1}(\lambda_2)^{m_3}(\lambda_3)^{m_3}\psi(\boldsymbol{r})$$

引入周期性边界条件：

$$\psi(\boldsymbol{r}+N_1\boldsymbol{a}_1)=(\lambda_1)^{N_1}\psi(\boldsymbol{r})$$

$$\psi(\boldsymbol{r}+N_2\boldsymbol{a}_2)=(\lambda_2)^{N_2}\psi(\boldsymbol{r})$$

$$\psi(\boldsymbol{r}+N_3\boldsymbol{a}_3)=(\lambda_3)^{N_3}\psi(\boldsymbol{r})$$

易得 $\lambda_1=e^{i2\pi\frac{l_1}{N_1}}$，$\lambda_2=e^{i2\pi\frac{l_2}{N_2}}$，$\lambda_3=e^{i2\pi\frac{l_3}{N_3}}$。

结合上述结果，$\psi(\boldsymbol{r}+\boldsymbol{R}_m)=e^{i2\pi\left(\frac{m_1l_1}{N_1}+\frac{m_2l_2}{N_2}+\frac{m_3l_3}{N_3}\right)}\psi(\boldsymbol{r})=e^{i\boldsymbol{k}\cdot\boldsymbol{R}_m}\psi(\boldsymbol{r})$，$\boldsymbol{k}=\frac{l_1}{N_1}\boldsymbol{b}_1+\frac{l_2}{N_2}\boldsymbol{b}_2+\frac{l_3}{N_3}\boldsymbol{b}_3$。

需要说明的是，布洛赫定理的证明方法并不是唯一的，还可用群论来证明。

5.2 一维电子运动的近自由电子近似

1930 年，德国犹太裔物理学家鲁道夫·恩斯特·佩尔斯(图 5-3)发表德文论文《金属的电导率与热导率理论》。在这篇论文中，佩尔斯指出："布洛赫的模型关于相互作用的假设不完全符合物理事实，在此近似下会得到无穷大的电导性。"佩尔斯对其假设进行了修正：在零级近似下，电子是自由的；在一级近似下，波函数考虑了周期性的微扰。这个近似，就是近自由电子近似的雏形。随后，在物理学家们的努力下，确定了近自由电子近似模型的准确表达。

图 5-3 鲁道夫·恩斯特·佩尔斯(1907—1995，德国物理学家)

5.2.1 一维电子运动的近自由电子近似模型

在自由电子模型中，能级表示为 $E=\frac{\hbar^2k^2}{2m}$(见图 5-4)，对应的本征函数在实空间内具有平面波的形式，主要结果如下：

(1) 只有一个能带；

(2) 能带结构在空间中不是周期性的，即布里渊区在 k 空间中是无限的。

近自由电子近似模型为自由电子模型的修正，主要适用于周期性势场作用较小的金属。

在近自由电子近似模型中,电子的动能远大于周期性势场。考虑一维情况,用势场的平均值 $\bar{V}$ 代替势场 $V(x)$(零级近似),而将周期性势场的起伏($V(x)-\bar{V}$)看作微扰(见图 5-5)。

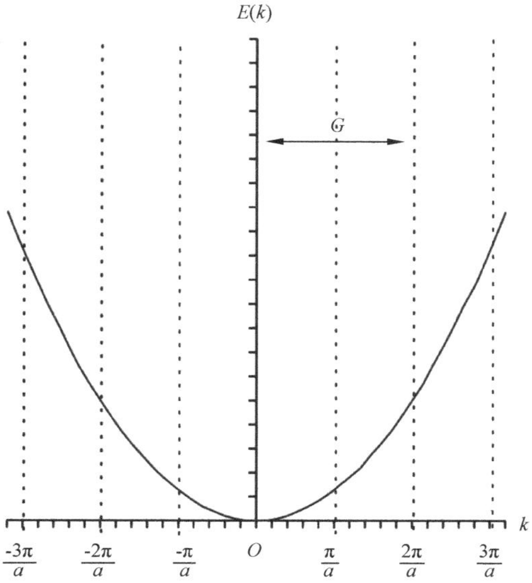

图 5-4　自由电子模型的能带结构

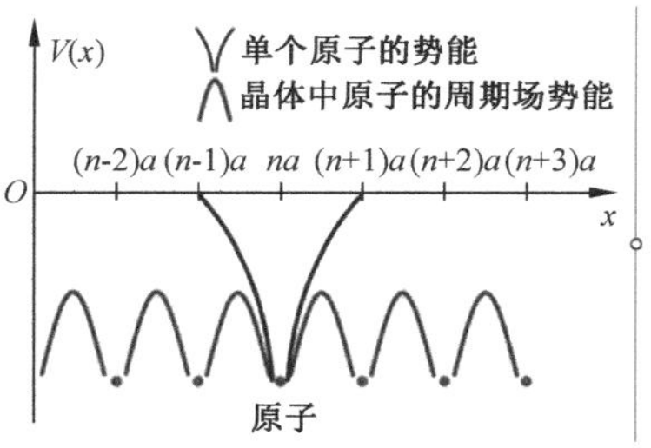

图 5-5　一维自由电子运动的准自由电子近似

5.2.2　非简并态微扰论求解

根据一维电子运动的近自由电子近似模型及量子力学微扰论知识,电子运动的哈密顿量 $\hat{H}=\hat{H}_0+\hat{H}'$,零级近似下的哈密顿量为 $\hat{H}_0=-\dfrac{\hbar^2}{2m}\dfrac{\mathrm{d}^2}{\mathrm{d}x^2}+\bar{V}$,微扰为

$$\hat{H}'=V(x)-\bar{V}=\Delta V$$

能级和波函数可分别表示为

$$E_k=E_k^0+E_k^{(1)}+E_k^{(2)}+\cdots$$

$$\psi_k=\psi_k^0+\psi_k^{(1)}+\cdots$$

式中,E_k^0 和 ψ_k^0 为零级近似下薛定谔方程得到的本征能级;$E_k^{(1)}$ 和 $\psi_k^{(1)}$ 为能量和波函数的一级修正值;$E_k^{(2)}$ 为能量的二级修正值。

零级近似　在零级近似下,一维电子运动的方程可表示为

$$\left[-\frac{\hbar^2}{2m}\frac{\mathrm{d}^2}{\mathrm{d}x^2}+\bar{V}\right]\psi_k^0(x)=E\psi_k^0(x)$$

零级近似下的本征波函数与自由电子运动的本征波函数类似,可表示为

$$\psi_k^0(x)=\frac{1}{\sqrt{L}}\mathrm{e}^{\mathrm{i}kx}$$

式中,系数$\frac{1}{\sqrt{L}}$通过本征波函数归一化得到,L 为一维晶体的线度。

零级近似下能量为

$$E_k^0(x)=\frac{\hbar^2k^2}{2m}+\bar{V}$$

能级与波矢 k 的关系具有抛物线的形式。

引入周期性边界条件后,可得 $k=\frac{2\pi l}{Na}$。

微扰作用下的能级和波函数 在微扰作用下,一级近似能量修正值可表示为 $E_k^{(1)}=<k|\hat{H}'|k>$,计算如下:

$$E_k^{(1)}=<k|\hat{H}'|k>=<k|V(x)-\bar{V}|k>=\bar{V}-\bar{V}=0$$

上式表明,能量的一级修正值为 0。

二级近似能量修正值可表示为

$$E_k^{(2)}=\Sigma_{k'}\frac{<k'|\hat{H}'|k>^2}{E_k^0-E_{k'}^0}\quad(k\neq k')$$

式中,k'代表和 k 不同的波矢。要确定二级近似下的能量修正值,首先需要计算矩阵元 $<k'|\hat{H}'|k>$的值。根据一维晶体的晶格对称性,可将一维晶体分割成 N 个相同的原胞,再进行积分计算:

$$<k'|\hat{H}'|k>=\frac{1}{Na}\int_0^L\mathrm{e}^{-\mathrm{i}(k'-k)x}V(x)\,\mathrm{d}x$$

$$=\frac{1}{Na}\sum_{n=0}^{N-1}\int_{na}^{(n+1)a}\mathrm{e}^{-\mathrm{i}(k'-k)x}V(x)\,\mathrm{d}x$$

引入参数 ξ,令 $x=\xi+ma$,可将上式化为

$$<k'|\hat{H}'|k>=\left[\frac{1}{a}\int_0^a\mathrm{e}^{-\mathrm{i}(k'-k)\xi}V(\xi)\,\mathrm{d}\xi\right]\frac{1}{N}\sum_{m=0}^{N-1}[\mathrm{e}^{-\mathrm{i}(k'-k)a}]^m$$

(1)当 $k'-k\neq\frac{2\pi m}{a}$(n 为整数)时,有

$$\sum_{n=0}^{N-1}[\mathrm{e}^{-\mathrm{i}(k'-k)a}]^m=\frac{1-\mathrm{e}^{\mathrm{i}N(k'-k)a}}{1-\mathrm{e}^{-\mathrm{i}(k'-k)a}}$$

$$=\frac{1-e^{iN\left(\frac{2\pi l'}{Na}-\frac{2\pi l}{Na}\right)a}}{1-e^{-i(k'-k)a}}=\frac{1-e^{i2\pi(l'-l)a}}{1-e^{-i(k'-k)a}}=0$$

通过上式可知，当 $k'-k\neq\frac{2\pi n}{a}$ 时，矩阵元 $<k'|\hat{H}'|k>$ 值为0，能量的一级近似修正值也为0。

（2）当 $k'-k=\frac{2\pi n}{a}$（n 为整数）时，有

$$e^{-i(k'-k)a}=e^{-i2\pi(n'-n)}=1$$

此时，矩阵元可表示为

$$<k'|\hat{H}'|k>=\left[\frac{1}{a}\int_0^a e^{-i\frac{2\pi n}{a}\xi}V(\xi)\,d\xi\right]=V_n$$

这时，能量的二级修正值可表示为

$$E_k^{(2)}=\Sigma'_n\frac{|V_n|^2}{\frac{\hbar^2}{2m}\left[k^2-\left(k+\frac{2\pi n}{a}\right)^2\right]}$$

若不考虑高阶近似，在微扰作用下的能量值可表示为

$$E=\frac{\hbar^2k^2}{2m}+\bar{V}+\Sigma'_n\frac{|V_n|}{\frac{\hbar^2}{2m}\left[k^2-\left(k+\frac{2\pi n}{a}\right)^2\right]}$$

根据量子力学基本知识，波函数一级修正为和 k 不相同的本征状态波函数的线性叠加：

$$\psi_k^{(1)}=\Sigma_{k'}\frac{|<k'|\hat{H}'|k>|}{E_k^0-E_{k'}^0}\psi_{k'}^0$$

根据矩阵元 $|<k'|\hat{H}'|k>|$ 的计算结果，当 $k'-k\neq\frac{2\pi n}{a}$ 时，波函数的一级修正值为0，当 $k'-k=\frac{2\pi n}{a}$ 时，有

$$\psi_k^{(1)}=\frac{1}{\sqrt{L}}\Sigma'_n\frac{|V_n|}{\frac{\hbar^2}{2m}\left[k^2-\left(k+\frac{2\pi n}{a}\right)^2\right]}e^{i\left(k+\frac{2\pi n}{a}\right)x}=\frac{1}{\sqrt{L}}e^{ikx}\Sigma'_n\frac{|V_n|}{\frac{\hbar^2}{2m}\left[k^2-\left(k+\frac{2\pi n}{a}\right)^2\right]}e^{i\left(\frac{2\pi n}{a}\right)x}$$

只考虑波函数的一级近似，可将微扰论下的波函数表示为

$$\psi_k=\frac{1}{\sqrt{L}}e^{ikx}\left\{1+\Sigma'_n\frac{|V_n|}{\frac{\hbar^2}{2m}\left[k^2-\left(k+\frac{2\pi n}{a}\right)^2\right]}e^{i\left(\frac{2\pi n}{a}\right)x}\right\}$$

式中，第一项为波矢为 k 的平面波，第二项是平面波受到周期性势场作用产生的散射波。在原来的零级函数上掺入其他零级波函数，能量差越小，掺入部分越大。可将波函数 ψ_k 写成 $e^{ikx}u_k(x)$，容易验证，$u_k(x)=u_k(x+na)$，即波函数满足布洛赫定理。

当波矢将处于布里渊区边界$\frac{n\pi}{a}$处，和波矢为$-\frac{n\pi}{a}$的状态零级能量相同，且相差$\frac{2\pi n}{a}$倍。此时，将导致能级和波函数发散，非简并态微扰论不再适用，必须采用简并态微扰论进行处理。

5.2.3 布里渊区附近电子状态求解

对于布里渊区附近$k=-\frac{n\pi}{a}(1-\Delta)$（$\Delta>0$且$\ll 1$）的电子波，仅考虑$k'=\frac{n\pi}{a}(1+\Delta)$的电子波微扰。而其他参与微扰的波矢，由于和$k$状态的零级电子能量相差较大，掺入的部分较小，可以忽略。此时，波函数可表示为

$$\psi(x)=a\psi_k^0+b\psi_{k'}^0$$

将其代入薛定谔方程得

$$\left[-\frac{\hbar^2}{2m}\frac{\mathrm{d}^2}{\mathrm{d}x^2}+V(x)\right]\psi(x)=E\psi(x)$$

并考虑到ψ_k^0和$\psi_{k'}^0$满足零级近似薛定谔方程：

$$\left[-\frac{\hbar^2}{2m}\frac{\mathrm{d}^2}{\mathrm{d}x^2}+\bar{V}\right]\psi_k^0(x)=E_k^0\psi_k^0(x)$$

$$\left[-\frac{\hbar^2}{2m}\frac{\mathrm{d}^2}{\mathrm{d}x^2}+\bar{V}\right]\psi_{k'}^0(x)=E_{k'}^0\psi_{k'}^0(x)$$

电子的薛定谔方程可改写成

$$a(E_k^0-E-\Delta V)\psi_k^0(x)+b(E_{k'}^0-E+\Delta V)\psi_{k'}^0(x)=0$$

对上式分别左乘$\psi_k^{0*}(x)$和$\psi_{k'}^{0*}(x)$并进行积分，同时考虑到波函数的正交归一性（$\langle k|k'\rangle=\delta_{k,k'}$），且矩阵元$\langle k'|V(x)|k\rangle=\langle k'|\hat{H}'|k\rangle=V_n$，$\langle k|V(x)|k'\rangle=\langle k|\hat{H}'|k'\rangle=V_n^*$，可得

$$\begin{cases}(E_k^0-E)a+V_n^*b=0\\ V_na+(E_{k'}^0-E)b=0\end{cases}$$

要使a,b有解，必须使其对应的系数行列式等于0，即

$$\begin{vmatrix}E_k^0-E & V_n^*\\ V_n & E_{k'}^0-E\end{vmatrix}=0$$

从而得到关于E的一元二次方程：

$$(E-E_k^0)(E-E_{k'}^0)-|V_n|^2=0$$

求解该方程，可得到能级的表达式：

$$E_\pm=\frac{1}{2}\left\{E_k^0+E_{k'}^0\pm\left[(E_{k'}^0-E_k^0)^2+4|V_n|^2\right]^{\frac{1}{2}}\right\}$$

（1）当$|E_k^0-E_{k'}^0|\geqslant|V_n|$时，对应于离布里渊区较远的波矢，采用泰勒展开，可将能级表

示为

$$\begin{cases} E_+ = E_{k'}^0 + \dfrac{|V_n|^2}{E_{k'}^0 - E_k^0} \\ E_- = E_k^0 - \dfrac{|V_n|^2}{E_{k'}^0 - E_k^0} \end{cases}$$

和非简并态给出的能级结果比较近似,但对于波矢为 k 的状态,只考虑了 k' 的微扰,而对于波矢为 k' 的状态,只考虑了 k 的微扰。在微扰的作用下,使得原来能级较高的 k' 状态,能量更高;而原来能级较低的 k 状态,能量更低(见图 5-6)。

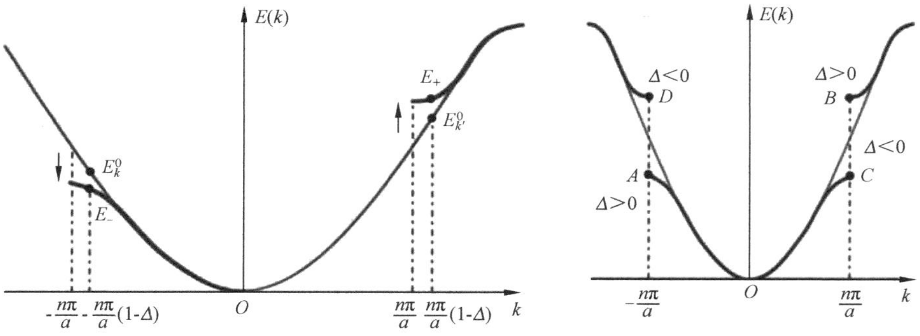

图 5-6 一维自由电子运动的近自由电子近似结果

(2) 当 $|E_k^0 - E_{k'}^0| \geqslant |V_n|$ 时,对应于离布里渊区较远的波矢,采用泰勒展开,可将能级表示为

$$\begin{cases} E_+ = \bar{V} + T_n + |V_n| - \Delta^2 T_n\left(\dfrac{2T_n}{|V_n|} - 1\right) \\ E_- = \bar{V} + T_n - |V_n| - \Delta^2 T_n\left(\dfrac{2T_n}{|V_n|} - 1\right) \end{cases}$$

式中,T_n 为电子在 k 状态的动能,$T_n = \dfrac{\hbar^2\left(\dfrac{n\pi}{a}\right)^2}{2m}$。

(3) 当 $|E_k^0 - E_{k'}^0| = 0$ 时,对应于布里渊区边界波矢,能级表示为

$$\begin{cases} E_+ = \bar{V} + T_n + |V_n| \\ E_- = \bar{V} + T_n - |V_n| \end{cases}$$

图 5-7 给出了一维电子运动的近自由电子近似的能级结果。相对于零级近似,可以看出,原来能级更高的状态,微扰使其能级更高;而原来能级更低的 k 状态,微扰使其能级更低。而对于 $\Delta<0$ 的情况,微扰论得到的结果与上述情况类似,这样,微扰论得到的能级左右将完全对称。在布里渊区附近,微扰将使得能级偏离抛物线形式,能级在布里渊区边界断开,导致禁带的产生,禁带的宽度为 $2|V_n|$。

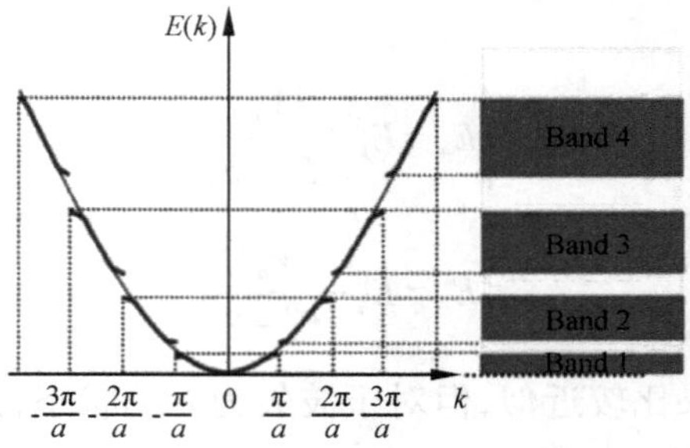

图 5-7 一维自由电子运动的能级图

综上,可得到一维电子运动的准自由电子近似的主要结果。

(1) 在零级近似下的结果和自由电子的量子理论相似,其能量本征值曲线为抛物线。而在周期性势场的微扰下,电子的能量本征值在布里渊区边界 $k=\pm\frac{n\pi}{a}$ 处断开,能量的突变为 $2|V_n|$,两个状态的能量间隔 $E_g=2|V_n|$ 为禁带宽度。禁带之上的能带底部($|\Delta|\ll1$),能量 E_+ 与波矢的关系相对抛物线(零级近似结果)向上弯曲;禁带之下的能带顶部($|\Delta|\ll1$),能量 E_- 与波矢的关系相对抛物线(零级近似结果)向下弯曲。而在离布里渊区较远的状态,由于掺入的能级较小,可以忽略,可认为与零级近似结果相同。

(2) 准连续的能级将分裂成系列能带。分别为能带 1、能带 2、能带 3……对应的波矢分别位于第一、第二、第三布里渊区……(见表 5-1)。

(3) 对应的,禁带的宽度 $2|V_1|,2|V_2|,2|V_3|,\cdots,2|V_n|$,取决于金属中势场 $V(x)$ 的形式。

(4) 每个布里渊区中包含的电子量子态个数为 $2N$。

表 5-1 能带与布里渊区的对应关系

能带序号	k 的范围	布里渊区	线度
$E_1(k)$	$-\frac{\pi}{a}\sim\frac{\pi}{a}$	第一布里渊区	$\frac{2\pi}{a}$
$E_2(k)$	$-\frac{2\pi}{a}\sim-\frac{\pi}{a},\frac{\pi}{a}\sim\frac{2\pi}{a}$	第二布里渊区	$\frac{2\pi}{a}$
$E_3(k)$	$-\frac{3\pi}{a}\sim-\frac{2\pi}{a},\frac{2\pi}{a}\sim\frac{3\pi}{a}$	第三布里渊区	$\frac{2\pi}{a}$
…	…	…	…

在近自由电子近似模型中,引入了较为微小的周期性势场后,就表现出和自由电子截然不同的结果,并得到了禁带这一重要的物理现象。在禁带中,不允许电子存在。可以认为,电子波在周期性势场的传播,是导致禁带产生的根本原因。这一物理现象,对声子晶体和光子晶体的发现,有着重要的启发。同样,声子晶体中出现的弹性波禁带,也可以归结为弹性波在弹性常数周期性势场中的传播。当弹性波频率落在禁带范围内,不允许在声子晶体中

传播。而光子晶体出现的光子禁带,亦可以归结为电磁波在光学尺度的周期性介电结构中的传播。当电磁波频率落在禁带范围内,同样不能在声子晶体中传播。

5.2.4　能带的三种图示法

在 k 空间中描述能带的性质时,根据能带的倒格子周期性 $E(\boldsymbol{k})=E(\boldsymbol{k}+\boldsymbol{G})$,通常有三种表示方式:扩展布里渊区图示法、简约布里渊区图示法和重复布里渊区图示法。

(1) 扩展布里渊区图示法　将不同的能带绘制在不同的布里渊区内,其主要优点包括,不包含冗余信息,便于和自由电子模型对比,且能显示能带在布里渊区边界的不连续性(见图 5-8)。

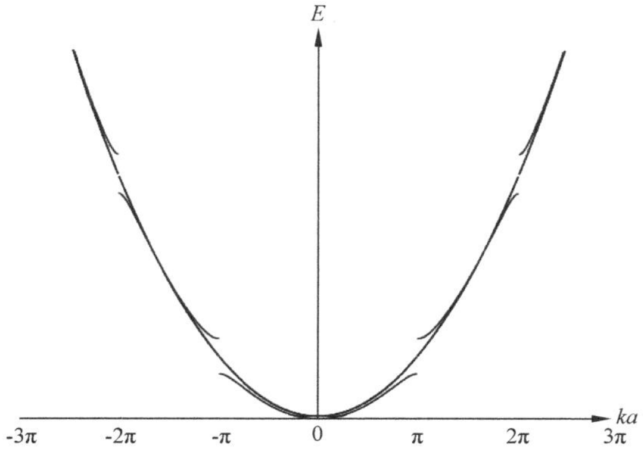

图 5-8　能带的扩展布里渊区图示法

(2) 简约布里渊区图示法　根据能带的平移对称性,将能带 2、能带 3、能带 4 等能带平移 $\boldsymbol{G}$ 后移入第一布里渊区(见图 5-9)。在第一布里渊区表示所有的能带。其主要优点是不包含冗余信息,但难以和零级近似结果对比。

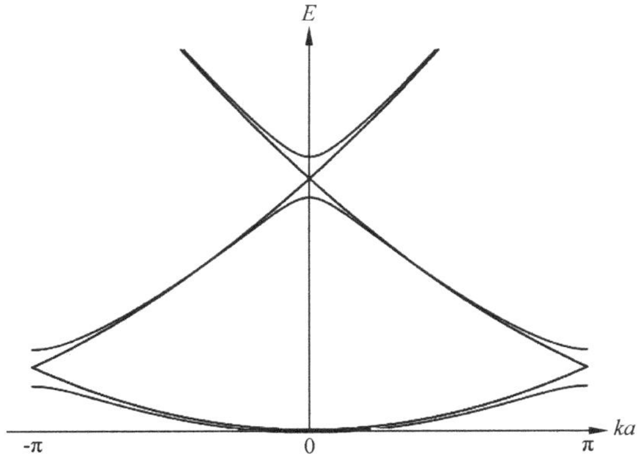

图 5-9　能带的简约布里渊区图示法

(3) 重复布里渊区图示法　在每一个布里渊区中都绘出所有的能带(见图 5-10),其优点是可以显示能带在 k 空间的周期性,但包含冗余信息。

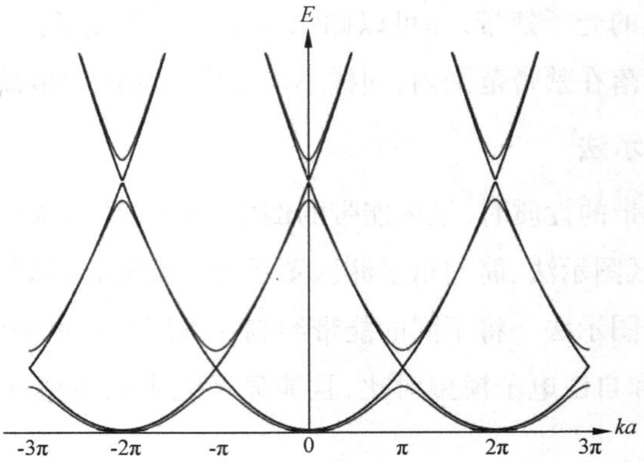

图 5-10 能带的重复布里渊区图示法

5.3 三维电子运动的近自由电子近似

5.3.1 三维电子运动的近自由电子模型

和一维电子运动的近自由电子模型类似，在三维电子运动的近自由电子模型中，电子受到的周期性势场作用比较微小。在零级近似下，用势场平均值代替周期性势场 $V(\boldsymbol{r})$。将势场与势场平均值的差值 $V(\boldsymbol{r})-\bar{V}$ 看作微扰。

5.3.2 非简并态微扰论求解

零级近似 在零级近似下，三维电子运动的方程可表示为

$$\left[-\frac{\hbar^2}{2m}\nabla^2+\bar{V}\right]\psi_{\boldsymbol{k}}^0(\boldsymbol{r})=E\psi_{\boldsymbol{k}}^0(\boldsymbol{r})$$

零级近似下的本征波函数与自由电子运动的本征波函数类似，可表示为

$$\psi_{\boldsymbol{k}}^0(\boldsymbol{r})=\frac{1}{\sqrt{V}}\mathrm{e}^{i\boldsymbol{k}\cdot\boldsymbol{r}}$$

系数$\frac{1}{\sqrt{V}}$通过本征波函数归一化（$\langle\boldsymbol{k}'|\boldsymbol{k}\rangle=\delta_{k'k}$）得到，$V$ 为三维晶体的体积。

零级近似下能量为

$$E_{\boldsymbol{k}}^0(\boldsymbol{r})=\frac{\hbar^2k^2}{2m}+\bar{V}$$

能级与波矢 $\boldsymbol{k}$ 的关系具有抛物线的形式。

引入周期性边界条件后，可得

$$\boldsymbol{k}=\frac{l_1}{N_1}\boldsymbol{b}_1+\frac{l_2}{N_2}\boldsymbol{b}_2+\frac{l_3}{N_3}\boldsymbol{b}_3 \quad (l_1,l_2,l_3\text{ 均为整数})$$

这样，可将波矢 $\boldsymbol{k}$ 限定在 k 空间内，每个波矢代表 k 空间均匀分布的格点。每个波矢代表点

的体积为$\frac{(2\pi)^3}{V}$。

引入微扰的能级和波函数 在微扰作用下,一级近似能量修正值可表示为 $E_k^{(1)}=\langle \boldsymbol{k}|\hat{H}'|\boldsymbol{k}\rangle$。和一维情况类似,三维情况下的一级近似能量修正值为0。

二级近似能量修正值和一维情况近似,可表示为

$$E_{\boldsymbol{k}}^{(2)}=\Sigma_{\boldsymbol{k}'}\frac{|\langle \boldsymbol{k}'|\hat{H}'|\boldsymbol{k}\rangle|^2}{E_{\boldsymbol{k}}^0-E_{\boldsymbol{k}'}^0}\quad(\boldsymbol{k}\neq\boldsymbol{k}')$$

式中,$\boldsymbol{k}'$代表和 $\boldsymbol{k}$ 不同的波矢。要确定二级近似下的能量修正值,同样需要计算矩阵元$\langle \boldsymbol{k}'|\hat{H}'|\boldsymbol{k}\rangle$的值。根据三维晶体的晶格对称性,可将三维晶体分割成 N 个相同的原胞,再进行积分计算:

$$\begin{aligned}\langle \boldsymbol{k}'|\hat{H}'|\boldsymbol{k}\rangle&=\frac{1}{V}\int_0^V \mathrm{e}^{-\mathrm{i}(\boldsymbol{k}'-\boldsymbol{k})\cdot\boldsymbol{r}}V(\boldsymbol{r})\mathrm{d}\boldsymbol{r}\\&=\frac{1}{Nv_0}\sum_{n=0}^{N-1}\int \mathrm{e}^{-\mathrm{i}(\boldsymbol{k}'-\boldsymbol{k})\cdot\boldsymbol{r}}V(\boldsymbol{r})\mathrm{d}\boldsymbol{r}\end{aligned}$$

同样,引入参数$\boldsymbol{\xi}$,令 $\boldsymbol{r}=\boldsymbol{\xi}+\boldsymbol{R}_m$,可将上式化为

$$\langle \boldsymbol{k}'|\hat{H}'|\boldsymbol{k}\rangle=\left[\frac{1}{v_0}\int_0^a \mathrm{e}^{-\mathrm{i}(\boldsymbol{k}'-\boldsymbol{k})\boldsymbol{\xi}}V(\boldsymbol{\xi})\mathrm{d}\boldsymbol{\xi}\right]\frac{1}{N}\Sigma \mathrm{e}^{-\mathrm{i}(\boldsymbol{k}'-\boldsymbol{k})\cdot\boldsymbol{R}_m}$$

式中,$\boldsymbol{k}'=\frac{l'_1}{N_1}\boldsymbol{b}_1+\frac{l'_2}{N_2}\boldsymbol{b}_2+\frac{l'_3}{N_3}\boldsymbol{b}_3$,代入$\sum \mathrm{e}^{-\mathrm{i}(\boldsymbol{k}'-\boldsymbol{k})\cdot\boldsymbol{R}_m}$中,可得

$$\sum \mathrm{e}^{-\mathrm{i}(\boldsymbol{k}'-\boldsymbol{k})\cdot\boldsymbol{R}_m}=\left(\sum_0^{N_1-1}\mathrm{e}^{-\mathrm{i}2\pi\left(\frac{l'_1-l_1}{N_1}\right)m_1}\right)\left(\sum_0^{N_2-1}\mathrm{e}^{-\mathrm{i}2\pi\left(\frac{l'_2-l_2}{N_2}\right)m_2}\right)\left(\sum_0^{N_3-1}\mathrm{e}^{-\mathrm{i}2\pi\left(\frac{l'_3-l_3}{N_3}\right)m_3}\right)$$

当$\left(\frac{l'_1-l_1}{N_1}\right)=n_1$,$\left(\frac{l'_2-l_2}{N_2}\right)=n_2$ 和$\left(\frac{l'_3-l_3}{N_3}\right)=n_3$ 有一项不等于0时,容易证明,矩阵元$\langle \boldsymbol{k}'|\hat{H}'|\boldsymbol{k}\rangle$值为0,能量的一级近似修正值也为0。

当$\left(\frac{l'_1-l_1}{N_1}\right)=n_1$,$\left(\frac{l'_2-l_2}{N_2}\right)=n_2$ 和$\left(\frac{l'_3-l_3}{N_3}\right)=n_3$ 同时满足时,即 $\boldsymbol{k}'-\boldsymbol{k}=n_1\boldsymbol{b}_1+n_2\boldsymbol{b}_2+n_3\boldsymbol{b}_3=\boldsymbol{G}_n$ 时,容易证明:

$$\left(\sum_0^{N_1-1}\mathrm{e}^{-\mathrm{i}2\pi\left(\frac{l'_1-l_1}{N_1}\right)m_1}\right)\left(\sum_0^{N_2-1}\mathrm{e}^{-\mathrm{i}2\pi\left(\frac{l'_2-l_2}{N_2}\right)m_2}\right)\left(\sum_0^{N_3-1}\mathrm{e}^{-\mathrm{i}2\pi\left(\frac{l'_3-l_3}{N_3}\right)m_3}\right)=N$$

此时,矩阵元可表示为

$$\langle \boldsymbol{k}'|\hat{H}'|\boldsymbol{k}\rangle=\int \mathrm{e}^{-\mathrm{i}\boldsymbol{G}_n\cdot\boldsymbol{\xi}}V(\boldsymbol{\xi})\mathrm{d}\boldsymbol{\xi}=V_n$$

这时,能量的二级修正值可表示为

$$E_{\boldsymbol{k}}^{(2)}=\Sigma'_n\frac{|V_n|^2}{\frac{\hbar^2}{2m}\left[|\boldsymbol{k}|^2-|\boldsymbol{k}+\boldsymbol{G}_n|^2\right]}$$

若不考虑高阶近似，在微扰作用下的能量值可表示为

$$E=\frac{\hbar^2 k^2}{2m}+\bar{V}+\Sigma'_n \frac{|V_n|^2}{\frac{\hbar^2}{2m}[\,|\boldsymbol{k}|^2-|\boldsymbol{k}+\boldsymbol{G}_n|^2]}$$

在微扰下的波函数表示为

$$\psi_{\boldsymbol{k}}=\frac{1}{\sqrt{V}}e^{i\boldsymbol{k}\cdot\boldsymbol{r}}\left\{1+\Sigma'_n \frac{|V_n|^2}{\frac{\hbar^2}{2m}[\,|\boldsymbol{k}|^2-|\boldsymbol{k}+\boldsymbol{G}_n|^2]}e^{i\boldsymbol{G}_n\cdot\boldsymbol{r}}\right\}$$

同样，可将波函数 $\psi_{\boldsymbol{k}}$ 写成 $e^{i\boldsymbol{k}\cdot\boldsymbol{r}}u_k(\boldsymbol{r})$，容易验证，$u_k(\boldsymbol{r})=u_k(\boldsymbol{r}+\boldsymbol{R}_m)$，即波函数满足布洛赫定理。

当 $|\boldsymbol{k}|^2=|\boldsymbol{k}+\boldsymbol{G}_n|^2$ 时，将导致能级和波函数发散。发散条件还可表示为

$$\boldsymbol{G}_n\cdot\left(\boldsymbol{k}+\frac{1}{2}\boldsymbol{G}_n\right)=0$$

上式表明，在 k 空间内，倒格矢 $\boldsymbol{G}_n$ 垂直平分面及附近的波矢，非简并态微扰论不再适用。换句话，在布里渊区边界附近的波矢，不适用非简并态微扰，此时，必须采用微扰论求解。

同时，还需要注意，在一维情况下，简并态数目一般为 2 个，而在三维情况下，简并态数目不都是 2 个，有可能多于 2 个。图 5-11 给出了二维情况下简单平方结构的简并态。在第一布里渊区四个顶角位置的波矢，零级近似下的能量均相等且相差 $\boldsymbol{G}_n$。此时，简并态的数目为 4。

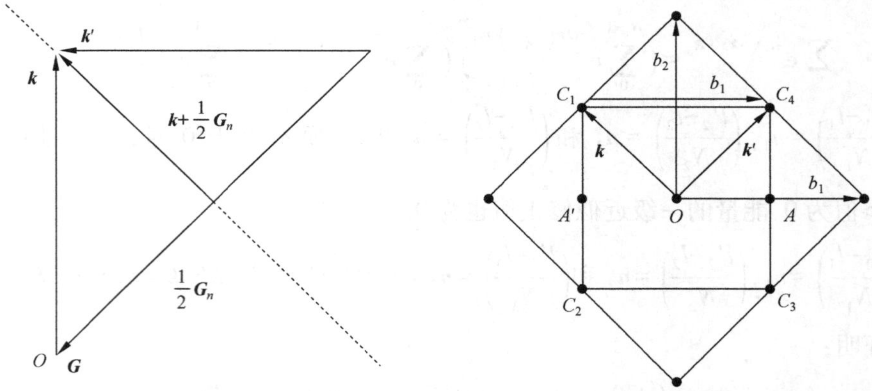

图 5-11　发散条件及二维简单立方格子布里渊区附近的简并态个数

考虑到波矢 $\boldsymbol{k}$ 受到 $\boldsymbol{k}+\boldsymbol{G}_n$ 的微扰作用，在布里渊区边界处的波函数可表示为

$$\psi(\boldsymbol{r})=a\psi_k^0+b\psi_{k+G_n}^0$$

将其代入薛定谔方程得

$$\left[-\frac{\hbar^2}{2m}\nabla^2+V(\boldsymbol{r})\right]\psi(\boldsymbol{r})=E\psi(\boldsymbol{r})$$

并考虑到 ψ_k^0 和 ψ_{k+G}^0 满足零级近似薛定谔方程：

$$\left[-\frac{\hbar^2}{2m}\nabla^2+\bar{V}\right]\psi_k^0(\boldsymbol{r})=E_k^0\psi_k^0(\boldsymbol{r})$$

$$\left[-\frac{\hbar^2}{2m}\nabla^2+\bar{V}\right]\psi_{k+G}^0(\boldsymbol{r})=E_{k+G}^0\psi_{k+G}^0(\boldsymbol{r})$$

电子的薛定谔方程可改写成

$$a(E_k^0-E-\Delta V)\psi_k^0(\boldsymbol{r})+b(E_{k'}^0-E-\Delta V)\psi_{k+G}^0(\boldsymbol{r})=0$$

对上式分别左乘 $\psi_k^{0*}(\boldsymbol{r})$ 和 $\psi_{k+G}^{0*}(\boldsymbol{r})$ 并进行积分，同时考虑到波函数的正交归一性，且矩阵元 $\langle \boldsymbol{k}+\boldsymbol{G}|V(\boldsymbol{r})|\boldsymbol{k}\rangle=V_n$，$\langle \boldsymbol{k}|V(\boldsymbol{r})|\boldsymbol{k}+\boldsymbol{G}\rangle=V_n^*$，可得

$$\begin{cases}(E_k^0-E)a+V_n^*b=0\\ V_na+(E_{k+G}^0-E)b=0\end{cases}$$

要使 a,b 有解，必须使其对应的系数行列式等于0，即

$$\begin{vmatrix}E_k^0-E & V_n^*\\ V_n & E_{k+G}^0-E\end{vmatrix}=0$$

得到关于 E 的一元二次方程：

$$(E-E_k^0)(E-E_{k+G}^0)-|V_n|^2=0$$

求解该方程可得禁带宽度 $\Delta E=2|V_n|$。

5.3.3 布里渊区及能带

由于微扰的作用，在布里渊区边界附近，原来能量高的波矢状态能级更高，而原来能级低的波矢状态能级更低。这样，能带将在布里渊区边界断开。但需要注意的是，由于三维情况下，不同能带在能量上不一定分隔开，而产生能带的交叠作用。图5-11给出了二维简单格子波矢沿 OA 和 OC 方向的能带。由于微扰的影响，在布里渊区边界附近的能级 E_A 和 E_B 断开。但是在 OC 方向上，断开的能量 E_C 高于 E_B，存在能级在 $E_A \sim E_B$ 之间的电子状态。也就是说，尽管能级在各个 k 方向上存在断开的情况，但不同方向断开的位置不同，可能产生能带的交叠作用。

对于二维和三维情况，要在一幅图上表示所有状态的能带，这显然是不太可能的。实际上，和声子谱类似，我们总是选取布里渊区中的高对称点，给出其从布里渊区中心到高对称点的特定对称方向的能带即可。

下面以面心立方为例，给出零级近似下能带的简约布里渊区图示法，选取的波矢方向为 ΓX 方向，对应 Γ 点坐标为 $(0,0,0)$，$X\left(0,\frac{2\pi}{a},0\right)$。

首先，确定能带1的情况，在第一布里渊区，Γ 点对应的能量值应为 $E_1^\Gamma=0$，X 点对应的能量值为 $E_1^\Gamma=\frac{\hbar^2}{2m}\left(\frac{2\pi}{a}\right)^2$（见图5-12）。

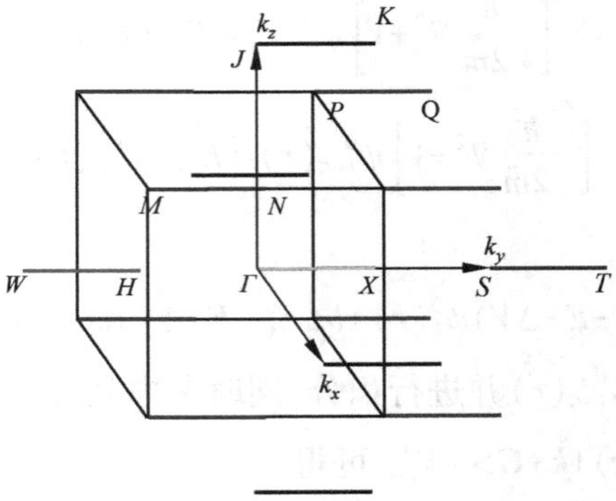

图 5-12 面心立方结构 k 空间示意图

接着,讨论最近邻格点的情况。能带 2 对应最近邻格点波矢的情况。Γ 点最近邻点 M 对应的坐标为$\left(\frac{2\pi}{a},-\frac{2\pi}{a},\frac{2\pi}{a}\right)$,相应的 N 点坐标为$\left(\frac{2\pi}{a},0,\frac{2\pi}{a}\right)$。将 M 点平移 $\boldsymbol{G}_n$ 后移至 Γ 点,N 点平移 $\boldsymbol{G}_n$ 后移至 X 点。根据能带的对称性,平移后能量保持不变,即 $E_2^{\Gamma}=\frac{3\hbar^2}{2m}\left(\frac{2\pi}{a}\right)^2$,$E_2^{X}=\frac{2\hbar^2}{2m}\left(\frac{2\pi}{a}\right)^2$。和 MN 等价的线段有 4 条,因此,能带 $E_2(k)$是 4 重简并的。同理,在能带 3 中,对应 Γ 点的最近邻点 $P\left(\frac{2\pi}{a},\frac{2\pi}{a},\frac{2\pi}{a}\right)$,对应 X 点的最近列点 $Q\left(\frac{2\pi}{a},\frac{4\pi}{a},\frac{2\pi}{a}\right)$,相应的能量 $E_3^{\Gamma}=\frac{3\hbar^2}{2m}\left(\frac{2\pi}{a}\right)^2$,$E_3^{X}=\frac{6\hbar^2}{2m}\left(\frac{2\pi}{a}\right)^2$。$E_3(k)$也是 4 重简并的。

接着讨论次近邻的情况。在能带 4 中,对应 Γ 点的次近邻点 $W(0,-\frac{4\pi}{a},0)$,对应 X 点的最近邻点 $H\left(0,-\frac{2\pi}{a},0\right)$,依次移入第一布里渊区内,相应的能量 $E_4^{\Gamma}=\frac{4\hbar^2}{2m}\left(\frac{2\pi}{a}\right)^2$,$E_4^{X}=\frac{\hbar^2}{2m}\left(\frac{2\pi}{a}\right)^2$。在能带 5 中,对应 Γ 点的次近邻点 $J\left(0,0,\frac{4\pi}{a}\right)$,对应 X 点的最近邻点 $K\left(0,\frac{2\pi}{a},\frac{4\pi}{a}\right)$,相应的能量 $E_5^{\Gamma}=\frac{4\hbar^2}{2m}\left(\frac{2\pi}{a}\right)^2$,$E_5^{X}=\frac{5\hbar^2}{2m}\left(\frac{2\pi}{a}\right)^2$。与 JK 等价的线段为 4 条,$E_5(k)$ 为 4 重简并的。在能带 6 中,对应 Γ 点的次近邻点 $S\left(0,\frac{4\pi}{a},0\right)$,对应 X 点的最近邻点 $T\left(0,\frac{6\pi}{a},0\right)$,相应的能量 $E_6^{\Gamma}=\frac{4\hbar^2}{2m}\left(\frac{2\pi}{a}\right)^2$,$E_6^{X}=\frac{9\hbar^2}{2m}\left(\frac{2\pi}{a}\right)^2$。

通过上述讨论,得到了面心立方结构晶体零级近似下沿 ΓX 方向的简约布里渊区图示(见图 5-13)。

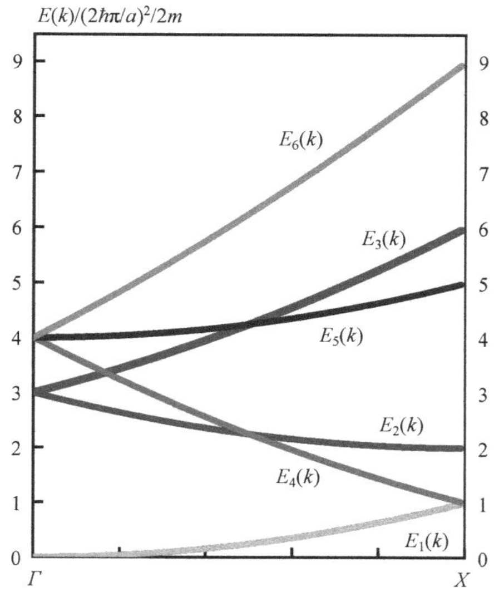

图 5-13　面心立方结构零级近似下的简约布里渊区能带

5.3.4　碱金属的等能面

碱金属钠(Na)、钾(K)等为 1 价金属(即每个原胞有一个电子),因此,它们的费米面包围的量子态数量是 N,其体积是第一布里渊区的一半,其等能面具有什么样的形状呢?

碱金属具有体心立方结构,其基元包含单个原子。体心立方的晶胞是一个边长为 a 的立方体,包含 2 个碱金属原子。因此,电子密度为 $n=\dfrac{2}{a^3}$。将这个值代入自由电子费米波矢的方程,我们发现 $k_F=1.24\dfrac{\pi}{a}$。对于体心立方晶格,到布里渊区边界的最短距离是 $1.41\dfrac{\pi}{a}$。因此,自由电子费米表面只到最近的布里渊区边界的 0.88 倍。因此,填充的电子态位于布里渊区边界的远处,从而避免了由于能隙引起的能带失真;碱金属的性质与索末菲模型的预测非常接近(例如,费米面接近球形)。

5.3.5　二价金属的等能面

二价金属镁(Mg)、钙(Ca)等明显具有良好的导电性。为了便于理解,我们考虑二维二价金属(简单正方)的费米表面,其第一布里渊区为正方结构(见图 5-14)。对于自由电子模型,费米面是一个面积等于第一布里渊区的圆,因此跨越了布里渊区边界。而在弱的周期性势作用下,布里渊区边界处带隙产生。带隙提高了靠近第二布里渊区边界附近量子态的能量,并降低了第一布里渊区边界附近态的能量。因此,一些电子在未填满第一布里渊区能带的情况下,就开始填充在第二布里渊区能带顶部,从而使费米面产生扭曲。

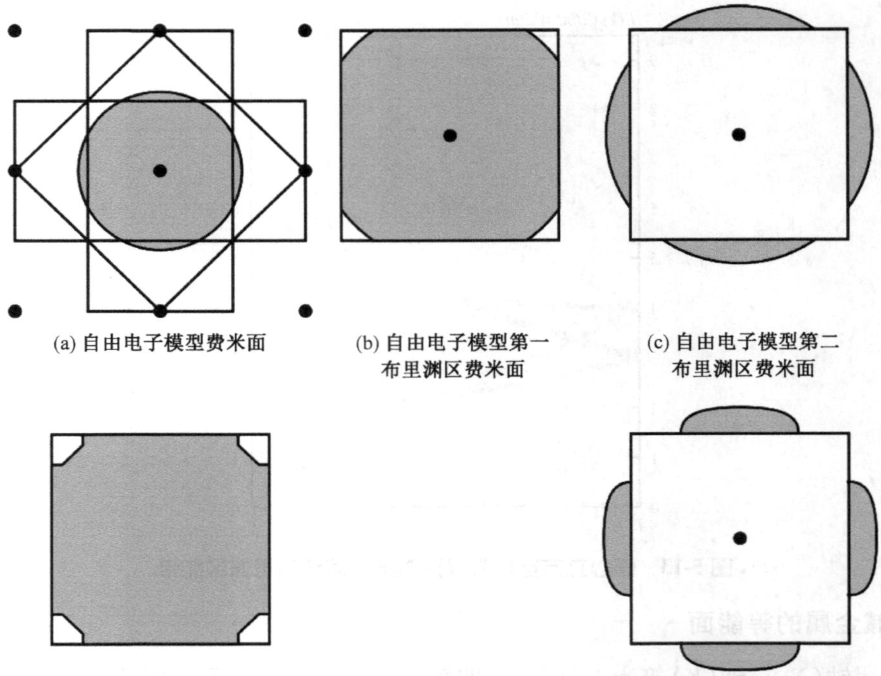

(a) 自由电子模型费米面

(b) 自由电子模型第一布里渊区费米面

(c) 自由电子模型第二布里渊区费米面

(d) 准自由电子近似第一布里渊区费米面

(e) 准自由电子近似第二布里渊区费米面

图 5-14 二维正方格子二价金属的费米面示意

5.4 紧束缚近似

紧束缚或原子轨道的线性组合(LCAO)方法是一种半经验方法,主要用于计算材料的能带结构和单粒子布洛赫态。半经验紧束缚方法简单且计算速度非常快。因此,它倾向于用于计算非常大的系统,单位晶胞中含有数千个以上的原子。1928 年,受弗里德里希·洪德(Friedrich Hund)工作影响,罗伯特·穆利肯提出了分子轨道的概念。用于近似分子轨道的LCAO 方法是由 B. N. Finklestein 和 G. E. Horowitz 于 1928 年引入的,而用于固体的 LCAO 方法则是由费利克斯·布洛赫在 1928 年的博士论文中开发的,与 LCAO-MO 方法同时且独立地进行。一种更简单的插值方案,特别适用于过渡金属的 d-带的电子能带结构的近似,是由约翰·克拉克·斯莱特和乔治·弗雷德·科斯特于 1954 年提出的参数化紧束缚方法,有时被称为 SK 紧束缚方法。使用 SK 紧束缚方法,固体的电子能带结构计算不需要像原始的布洛赫定理那样完全严格进行,而是首先在高对称点进行第一原理计算,然后在这些点之间的布里渊区的其余部分进行插值。在这种方法中,不同原子位置之间的相互作用被视为扰动。

我们必须考虑几种不同类型的相互作用。晶体哈密顿量仅仅是位于不同位置的原子哈密顿量的近似求和,而晶体中相邻原子位置的原子波函数之间存在重叠,因此不能准确地表示真实的波函数,必须引入微扰。紧束缚模型通常用于静态条件下的电子能带结构和能隙的计算。然而,与其他方法(如随机相位近似模型)结合使用时,还可以研究系统的动态响应。2019 年,Bannwarth 等人引入了 GFN2-xTB 方法,主要用于计算结构和非共价相互作用能。

5.4.1 紧束缚近似模型

电子在一个原子(格点)附近时,主要受到该原子势场的作用,将其他原子(格点)势场的作用看作是微扰(见图 5-15)。

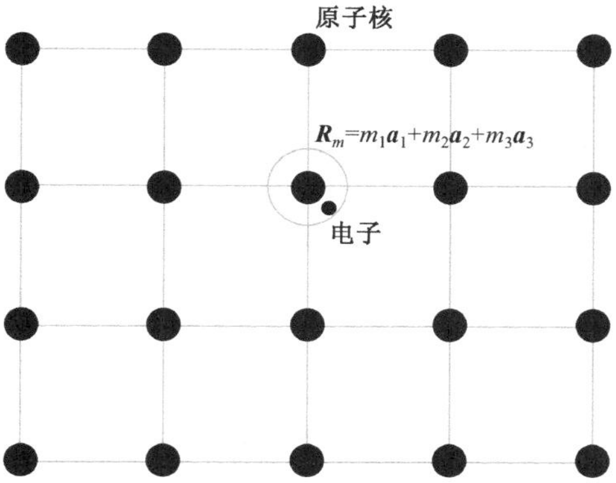

图 5-15 紧束缚近似模型示意图

假设电子在格矢为 $\boldsymbol{R}_m$ 原子附近运动,在不考虑其他原子对电子的相互作用时,假设其束缚态波函数为 $\varphi_i(\boldsymbol{r}-\boldsymbol{R}_m)$,其薛定谔方程和单原子电子的薛定谔方程近似,则

$$\left[-\frac{\hbar^2}{2m}\nabla^2+V(\boldsymbol{r}-\boldsymbol{R}_m)\right]\varphi_i(\boldsymbol{r}-\boldsymbol{R}_m)=\varepsilon_i\varphi_i(\boldsymbol{r}-\boldsymbol{R}_m)$$

式中,$V(\boldsymbol{r}-\boldsymbol{R}_m)$代表原子势场,$\varepsilon_i$ 为电子在 i 态的原子能级。

晶体中电子的波函数则满足薛定谔方程

$$\left[-\frac{\hbar^2}{2m}\nabla+U(\boldsymbol{r})\right]\psi(\boldsymbol{r})=E\psi(\boldsymbol{r})$$

式中,$U(\boldsymbol{r})$为晶体中的周期性势场。

在紧束缚模型中,将$\left[-\frac{\hbar^2}{2m}\nabla^2+V(\boldsymbol{r}-\boldsymbol{R}_m)\right]\varphi_i(\boldsymbol{r}-\boldsymbol{R}_m)=\varepsilon_i\varphi_i(\boldsymbol{r}-\boldsymbol{R}_m)$看作零级近似方程,把$U(\boldsymbol{r})-V(\boldsymbol{r}-\boldsymbol{R}_m)$看作微扰。假设晶体中的格点数为 N,那么,将存在 N 个类似的波函数,同时具有相同的能级 ε_i,微扰后的波函数就是这 N 个波函数的叠加,即用电子轨道的 $\varphi_i(\boldsymbol{r}-\boldsymbol{R}_m)$的线性叠加代替共有化电子轨道,因而称之为原子轨道线性组合法(LCAO)。这样,波函数 $\psi(\boldsymbol{r})$可以表示为

$$\psi(\boldsymbol{r})=\sum_m a_m\varphi_i(\boldsymbol{r}-\boldsymbol{R}_m)$$

5.4.2 紧束缚近似的能带计算

将采用原子轨道线性组合法得到的波函数带入晶体中电子的薛定谔方程,可得

$$\sum_m a_m[\varepsilon_i+U(\boldsymbol{r})-V(\boldsymbol{r}-\boldsymbol{R}_m)]\varphi_i(\boldsymbol{r}-\boldsymbol{R}_m)=E\sum_m a_m\varphi_i(\boldsymbol{r}-\boldsymbol{R}_m)$$

当原子间距大于原子轨道时,不同格点的波函数重合很小,近似认为

$$\int\varphi_i^*(\boldsymbol{r}-\boldsymbol{R}_m)\varphi_i(\boldsymbol{r}-\boldsymbol{R}_m)\mathrm{d}\boldsymbol{r}=\delta_{nm}$$

用$\int\varphi_i^*(\boldsymbol{r}-\boldsymbol{R}_n)$对薛定谔方程左乘,并进行积分,可得

$$\sum_m a_m\int\varphi_i^*(\boldsymbol{r}-\boldsymbol{R}_n)[U(\boldsymbol{r})-V(\boldsymbol{r}-\boldsymbol{R}_m)]\varphi_i(\boldsymbol{r}-\boldsymbol{R}_m)\mathrm{d}\boldsymbol{r}=(E-\varepsilon_i)a_n$$

因为$\varphi_i^*(\boldsymbol{r}-\boldsymbol{R}_m)$有$N$种,上述方程是$N$个联立方程中的其中一个典型方程。令积分变量$\boldsymbol{\xi}=\boldsymbol{r}-\boldsymbol{R}_m$,利用晶格势场的周期性,可将上述方程的积分变为

$$\int\varphi_i^*[\boldsymbol{\xi}-(\boldsymbol{R}_n-\boldsymbol{R}_m)][U(\boldsymbol{\xi})-V(\boldsymbol{\xi})]\varphi_i(\boldsymbol{\xi})\mathrm{d}\boldsymbol{\xi}=-J(\boldsymbol{R}_n-\boldsymbol{R}_m)$$

上述积分只决定于相对位置$\boldsymbol{R}_n-\boldsymbol{R}_m$,引入负号的原因在于$U(\boldsymbol{\xi})-V(\boldsymbol{\xi})$为晶格周期场与原子周期场的差值为负值,因此,方程可表示为

$$-\sum_m a_m J(\boldsymbol{R}_n-\boldsymbol{R}_m)=(E-\varepsilon_i)a_n$$

考虑到波函数的表达,该方程的解可表示为

$$a_m=C\mathrm{e}^{\mathrm{i}\boldsymbol{k}\cdot\boldsymbol{R}_m}$$

式中,C为归一化因子,代入得

$$E-\varepsilon_i=-\sum_m J(\boldsymbol{R}_n-\boldsymbol{R}_m)\mathrm{e}^{\mathrm{i}\boldsymbol{k}\cdot(\boldsymbol{R}_n-\boldsymbol{R}_m)}=-\sum_s J(\boldsymbol{R}_s)\mathrm{e}^{-\mathrm{i}\boldsymbol{k}\cdot\boldsymbol{R}_s}$$

这样,电子的能级就可表示为

$$E(k)=\varepsilon_i-\sum_s J(\boldsymbol{R}_s)\mathrm{e}^{-\mathrm{i}\boldsymbol{k}\cdot\boldsymbol{R}_s}$$

对于确定的$\boldsymbol{k}$值,波函数可表示为

$$\psi_{\boldsymbol{k}}(\boldsymbol{r})=\frac{1}{\sqrt{N}}\sum_m\mathrm{e}^{-\mathrm{i}\boldsymbol{k}\cdot\boldsymbol{R}_m}\varphi_i(\boldsymbol{r}-\boldsymbol{R}_m)$$

容易验证,$\psi(\boldsymbol{r})$为布洛赫函数。这是因为,$\psi_{\boldsymbol{k}}(\boldsymbol{r})$可表示为

$$\psi_{\boldsymbol{k}}(\boldsymbol{r})=\mathrm{e}^{\mathrm{i}\boldsymbol{k}\cdot\boldsymbol{r}}\frac{1}{\sqrt{N}}\sum_m\mathrm{e}^{-\mathrm{i}\boldsymbol{k}\cdot(\boldsymbol{r}-\boldsymbol{R}_m)}\varphi_i(\boldsymbol{r}-\boldsymbol{R}_m)$$

而$\frac{1}{\sqrt{N}}\Sigma_m\mathrm{e}^{-\mathrm{i}\boldsymbol{k}\cdot(\boldsymbol{r}-\boldsymbol{R}_m)}\varphi_i(\boldsymbol{r}-\boldsymbol{R}_m)$满足晶格周期性。考虑到周期性边界条件,$\boldsymbol{k}=\frac{l_1}{N_1}\boldsymbol{b}_1+\frac{l_2}{N_2}\boldsymbol{b}_2+\frac{l_3}{N_3}\boldsymbol{b}_3$,共有$N$种波矢,对应$N$个波函数。

由于$\boldsymbol{k}$有N种不同的取值,每个$\boldsymbol{k}$将对应一种电子能级。这样电子能级将分裂成一个准连续的能带。对于电子能级,可进行进一步简化。当$\boldsymbol{R}_s=0$时,为完全重叠积分,该积分

值为 J_0，表达如下：

$$\int \varphi_i^*(\boldsymbol{\xi})[U(\boldsymbol{\xi})-V(\boldsymbol{\xi})]\varphi_i(\boldsymbol{\xi})\mathrm{d}\boldsymbol{\xi}=-J_0$$

$\boldsymbol{R}_s$ 越大，重叠积分越小。一般情况下，只考虑最近邻情况，可将电子能级进一步简化为

$$E(\boldsymbol{k})=\varepsilon_i-J_0-\sum_{\text{最近邻}}J(\boldsymbol{R}_s)\mathrm{e}^{-\mathrm{i}\boldsymbol{k}\cdot\boldsymbol{R}_s}$$

5.4.3　s 层电子能带

一维情况　假设一维晶体的原胞基矢量可表示为

$$\boldsymbol{R}=a\boldsymbol{i}$$

最近邻原子的 $\boldsymbol{R}_s$ 分别为 $a\boldsymbol{i}$ 和 $-a\boldsymbol{i}$，而 $\boldsymbol{k}$ 矢量可表示为 $\boldsymbol{k}=k\boldsymbol{i}$，考虑到 s 层电子的各向同性，则能级可表示为

$$\begin{aligned}E(\boldsymbol{k})&=\varepsilon_s-J_0-J_1(\mathrm{e}^{-\mathrm{i}ka}+\mathrm{e}^{\mathrm{i}ka})\\&=\varepsilon_s-J_0-2J_1\cos ka\end{aligned}$$

当 $k=\dfrac{\pi}{a}$ 时，能级取最大值 $\varepsilon_s-J_0+2J_1$，而当 $k=0$ 时，能级取最小值 $\varepsilon_s-J_0+2J_1$。据此，可知能带宽度为 $4J_1$。

二维情况　假设二维晶体的原胞基矢量可表示为

$$\boldsymbol{R}=a\boldsymbol{i}+b\boldsymbol{j}$$

最近邻原子的 $\boldsymbol{R}_s$ 分别为 $a\boldsymbol{i},-a\boldsymbol{i},b\boldsymbol{j},-b\boldsymbol{j}$，而 $\boldsymbol{k}$ 矢量可表示为 $\boldsymbol{k}=k_x\boldsymbol{i}+k_y\boldsymbol{j}$，则能级可表示为

$$E(\boldsymbol{k})=\varepsilon_s-J_0-2J_1(\cos k_xa+\cos k_yb)$$

当 $\boldsymbol{k}=\left(\dfrac{\pi}{a},\dfrac{\pi}{b}\right)$ 时，能级取最大值 $\varepsilon_s-J_0+4J_1$，而当 $\boldsymbol{k}=(0,0)$ 时，能级取最小值 $\varepsilon_s-J_0+4J_1$。据此，可知能带宽度为 $8J_1$。

三维情况　假设三维晶体的原胞基矢量可表示为

$$\boldsymbol{R}=a\boldsymbol{i}+a\boldsymbol{j}+a\boldsymbol{k}$$

最近邻原子的 $\boldsymbol{R}_s$ 分别为 $a\boldsymbol{i},-a\boldsymbol{i},a\boldsymbol{j},-a\boldsymbol{j},a\boldsymbol{k},-a\boldsymbol{k}$，而 $\boldsymbol{k}$ 矢量可表示为 $\boldsymbol{k}=k_x\boldsymbol{i}+k_y\boldsymbol{j}+k_z\boldsymbol{k}$，则能级可表示为

$$E(\boldsymbol{k})=\varepsilon_s-J_0-2J(\cos k_sa+\cos k_ya+\cos k_za)$$

当 $\boldsymbol{k}=\left(\dfrac{\pi}{a},\dfrac{\pi}{a},\dfrac{\pi}{a}\right)$ 时，能级取最大值 $\varepsilon_s-J_0+6J_1$，而当 $\boldsymbol{k}=(0,0,0)$ 时，能级取最小值 $\varepsilon_s-J_0-6J_1$。据此，可知能带宽度为 $12J_1$。

根据上述方法，也可计算面心立方和体心立方的 s 层能带情况。如果要计算 p 层电子结构的能带情况，则需注意各向异性情况。

5.5 布洛赫电子的准经典运动

要获得材料的电输运特性，仅仅确定能带是不够的，还需要确定电子在外场作用下的运动规律。对于电子，位置 $\boldsymbol{r}$ 和波矢量 $\boldsymbol{k}$ 不能同时确定，可以用 $\boldsymbol{k}$ 附近 $\Delta\boldsymbol{k}$ 的平面波波包来描述电子，电子的位置分布在 $\boldsymbol{r}$ 附近的 $\Delta\boldsymbol{r}$ 范围内。$\Delta\boldsymbol{k}$ 与 $\Delta\boldsymbol{r}$ 满足不确定关系，这样，$\boldsymbol{r}$ 与 $\hbar\boldsymbol{k}$ 就为在不确定关系的精度内描述电子位置与动量。

5.5.1 电子的速度

$\psi_{k(\boldsymbol{r})}$ 是 $E_{k(\boldsymbol{r})}$ 的本征函数，但不是 $\boldsymbol{p}$ 的本征函数，处于 $\psi_{k(\boldsymbol{r})}$ 的电子并没有确定的速度。电子的平均速度可看作晶体内部由布洛赫波组成的波包的平均速度，通过下列方式简单地给出

$$\boldsymbol{v}=\nabla_k\omega=\nabla_k\frac{E}{\hbar}=\frac{1}{\hbar}\nabla_k E(\boldsymbol{k})$$

即

$$\boldsymbol{v}=\frac{1}{\hbar}\nabla_k E(\boldsymbol{k})$$

(1) 由于能级满足 $E(\boldsymbol{k}+\boldsymbol{G})=E(\boldsymbol{k})$，$E(\boldsymbol{k})=E(-\boldsymbol{k})$，因此，对于电子的速度，满足：$\boldsymbol{v}(\boldsymbol{k}+\boldsymbol{G})=\boldsymbol{v}(\boldsymbol{k})$；$\boldsymbol{v}(\boldsymbol{k})=-\boldsymbol{v}(-\boldsymbol{k})$。

(2) $\boldsymbol{v}(\boldsymbol{k})$ 垂直于等能面，对于自由电子，等能面为球面，此时，$\boldsymbol{v}(\boldsymbol{k})$ 与 $\boldsymbol{k}$ 方向一致，对于非自由电子，$\boldsymbol{v}(\boldsymbol{k})$ 与 $\boldsymbol{k}$ 方向不一致。这也说明，$\hbar\boldsymbol{k}$ 为电子的准动量。

(3) $\psi_{k(\boldsymbol{r})}$ 为定态，$\boldsymbol{v}(\boldsymbol{k})$ 不随时间变化。电子可以在晶体中毫无阻碍地传播。因此，在理想的状态下，金属晶体的电阻为 0。但是，由于声子、杂质和缺陷的存在，晶体的晶格周期性被破坏，产生了电阻。

(4) 速度在 k 空间存在振荡。实际上，由于散射的存在，两次散射间电子在 k 空间运动的距离远小于布里渊区线度。

5.5.2 准经典运动基本方程

一般来说，通过加外场的薛定谔方程求解比较复杂，难以得到严格求解。而在实际问题中，外场远小于周期场，可假定在此过程中不破坏电子原有的能带结构，只引起电子的能量在原有的能带中变化，可将电子看成准动量，力学方程可通过经典力学方程给出：

$$\frac{\mathrm{d}\boldsymbol{p}}{\mathrm{d}t}=\boldsymbol{F}=\hbar\frac{\mathrm{d}\boldsymbol{k}}{\mathrm{d}t}$$

$\hbar\boldsymbol{k}$ 起动量的作用，但不是布洛赫电子的真实动量，故称之为准动量。在很多情况中，该近似是有效的。

5.5.3 电子的有效质量

外力作用下，波矢量随时间的变化而变化，电子的平均速度也随时间变化，加速度可表

示为

$$\boldsymbol{a}=\frac{\mathrm{d}\boldsymbol{v}(\boldsymbol{k})}{\mathrm{d}t}=\frac{1}{\hbar}\nabla_k\frac{\mathrm{d}E(\boldsymbol{k})}{\mathrm{d}t}=\frac{1}{\hbar^2}\nabla_k[\nabla_kE(\boldsymbol{k})\cdot\boldsymbol{F}]$$

其矩阵形式为

$$\begin{bmatrix}a_1\\a_2\\a_3\end{bmatrix}=\frac{1}{\hbar^2}\begin{bmatrix}\frac{\partial^2E(\boldsymbol{k})}{\partial k_1^2} & \frac{\partial^2E(\boldsymbol{k})}{\partial k_1\partial k_2} & \frac{\partial^2E(\boldsymbol{k})}{\partial k_1\partial k_3}\\ \frac{\partial^2E(\boldsymbol{k})}{\partial k_2\partial k_1} & \frac{\partial^2E(\boldsymbol{k})}{\partial k_2^2} & \frac{\partial^2E(\boldsymbol{k})}{\partial k_2\partial k_3}\\ \frac{\partial^2E(\boldsymbol{k})}{\partial k_3\partial k_1} & \frac{\partial^2E(\boldsymbol{k})}{\partial k_3\partial k_2} & \frac{\partial^2E(\boldsymbol{k})}{\partial k_3^2}\end{bmatrix}\begin{bmatrix}F_1\\F_2\\F_3\end{bmatrix}$$

根据上式，$\boldsymbol{a}$ 与 $\boldsymbol{F}$ 的关系与牛顿第二定律给出的 $\boldsymbol{a}=\boldsymbol{F}/m$ 类似。因此，定义有效质量 m_{ij}^*，满足

$$\frac{1}{m_{ij}^*}=\frac{1}{\hbar^2}\frac{\partial^2E(\boldsymbol{k})}{\partial k_i\partial k_j}$$

可以通过坐标变换，使 k_1，k_2 和 k_3 沿主轴方向。此时，有效质量为对角张量，此时，运动方程改写为

$$\begin{bmatrix}a_1\\a_2\\a_3\end{bmatrix}=\frac{1}{\hbar^2}\begin{bmatrix}\frac{\partial^2E(\boldsymbol{k})}{\partial k_1^2} & 0 & 0\\ 0 & \frac{\partial^2E(\boldsymbol{k})}{\partial k_2^2} & 0\\ 0 & 0 & \frac{\partial^2E(\boldsymbol{k})}{\partial k_3^2}\end{bmatrix}\begin{bmatrix}F_1\\F_2\\F_3\end{bmatrix}$$

电子的有效质量为 $\frac{1}{m_i^*}=\frac{1}{\hbar^2}\frac{\partial^2E(\boldsymbol{k})}{\partial k_i^2}$，张量形式表示为

$$m^*=\begin{bmatrix}\frac{\hbar^2}{\frac{\partial^2E(\boldsymbol{k})}{\partial k_1^2}} & 0 & 0\\ 0 & \frac{\hbar^2}{\frac{\partial^2E(\boldsymbol{k})}{\partial k_2^2}} & 0\\ 0 & 0 & \frac{\hbar^2}{\frac{\partial^2E(\boldsymbol{k})}{\partial k_3^2}}\end{bmatrix}$$

(1) m^* 不是电子的惯性质量,而是在周期势场中电子受外力作用时,外力和加速度的关系相当于牛顿力学的惯性质量。

(2) m^* 不是常数,而是 $\boldsymbol{k}$ 的函数,一般情况下为张量。

(3) m^* 可为正,也可为负。

(4) m^* 考虑了周期势场的作用,使问题大为简化。

以简单立方为例,其 s 态能带可以表示为

$$E^s(k)=E(0)-2J_1(\cos k_x a+\cos k_y a+\cos k_z a)$$

有效质量可表示为

$$\frac{1}{m_i^*}=\frac{1}{\hbar^2}\frac{\partial^2 E(\boldsymbol{k})}{\partial k_i^2}=\frac{1}{\hbar^2}2J_1 a^2\cos k_i a$$

在能带顶部,$k=\left(\frac{\pi}{a},\frac{\pi}{a},\frac{\pi}{a}\right)$,

$$\begin{bmatrix} m_1 \\ m_2 \\ m_3 \end{bmatrix}=\begin{bmatrix} -\frac{\hbar^2}{2J_1a^2} & 0 & 0 \\ 0 & -\frac{\hbar^2}{2J_1a^2} & 0 \\ 0 & 0 & -\frac{\hbar^2}{2J_1a^2} \end{bmatrix}$$

简化为

$$m^*=-\frac{\hbar^2}{2J_1a^2}$$

在能带底部,$k=(0,0,0)$,$m^*=-\frac{\hbar^2}{2J_1a^2}$。

在能带底部,有效质量总是正的,在能带顶部,有效质量总是负的。能带较宽的材料,由于能级随波矢的变化大,所以有效质量小。而适用紧束缚近似的材料,波函数交叠较少,能带窄,电子有效质量大。对于内层电子,由于周期性势场的束缚作用很强,以相邻原子为中心的波函数交叠比较小,因此,往往具有大的有效质量。有效质量对于半导体有着重要的意义。一般而言,半导体的迁移率与有效质量成反比。这是因为,有效质量越大,周期性势场对电子的束缚能力越强,迁移率越小。对于典型的半导体 Si,电子的有效质量约为 1. 08m_0(m_0 代表电子的质量),迁移率适中;而对于 GaAs,电子的有效质量仅为 0. 07m_0,迁移率大,非常适合用作高频器件。要获得半导体材料的有效质量,可采用回旋共振法较为精确地测量。

5.6　导体、半导体和绝缘体

量子力学在解释金属导电性问题上，解决了德鲁德自由电子理论中明显存在的许多困难。索末菲假设金属原子的价电子形成了一种服从费米-狄拉克统计的电子气体，而不是服从经典麦克斯韦统计的气体，并主要利用经典的思想解释了比热问题。然而，他无法确定电阻的温度依赖性，因为他的公式中涉及一个平均自由程，这一点几乎无从下手。

布洛赫对金属晶格中的电子力学进行了研究，发现如果晶格完美，电子可以自由穿过晶格。因此，只要晶格是完美的，导电性就是无限的；只有在考虑到热运动和杂质的影响时，才会得到有限的导电值。根据这种观点，金属中的所有电子都是自由的，我们不能像经典理论那样假设只有价电子是自由的。在此情况下，费米原理的引入表明导电性与自由电子数的直接比例关系不再成立。布洛赫发现，对于结合得非常紧密的电子，最低状态的能级分布与自由电子相同，不同之处在于常数在两种情况下具有不同的意义。如果我们摆脱自由电子与导电电子之间的错误关联，这并不奇怪，这仅意味着金属中的电子具有双重属性。对于某些现象，电子表现得像是束缚的；而对于另一些现象，电子表现得像是自由的，这分别对应电子的粒子特性和波动特性。通过应用这些思想，布洛赫得出了电导率的温度依赖性，该结果与测量结果非常吻合。他发现，在高温下，电阻与绝对温度 T 成正比，而在低温下，电阻与 T^5 成正比。然而，这里出现了一些困难：我们如何解释绝缘体的非导电性和电子半导体的电阻温度依赖性？在经典理论中，答案很简单。我们仅假设绝缘体中没有自由电子，而半导体中的自由电子数量随着温度迅速变化。然而，当我们使用量子力学时，就不能再轻易地得出这个结论了，因为在一个完美晶格中，所有电子都可以自由地通过晶格运动。乍一看，按照布洛赫的理论，所有物质在绝对零度时都应该具有无限的导电性。显然，这是和实验结果不符的。一直到 1931 年，物理学家沃尔夫冈·泡利（Wolfgang Pauli）还这么认为："人们不应该研究半导体，那简直是一团糟，谁知道到底有没有半导体存在。"

1931 年，英国物理学家艾伦·赫里斯·威尔逊（见图 5-16）发表论文《电子半导体的理论》，论文的主要贡献包括：(1)从能带差异的角度，解释了金属和半导体的主要区别；(2)利用量子力学和费米分布，解决了半导体导电性的温度依存性；(3)提出了紧束缚电子和近自由电子的两种模型，分别适用于不同导电类型的晶体材料；(4)解释了电子的比热与温度的关系以及半导体的顺磁性在低温下迅速下降为 0 的原因。这篇划时代的文章，标志着能带理论的建立，奠定了半导体学科的理论基础。

图 5-16　艾伦·赫里斯·威尔逊(1906—1995,英国物理学家)

5.6.1　导电机理

晶体是否导电和能带的填充情况有着重要的关系。在没有外电场作用时,能带中电子分布是对称的,占据 $\boldsymbol{k}$ 状态和 $-\boldsymbol{k}$ 状态的电子数目相等,而由于 $\boldsymbol{v}(\boldsymbol{k})=-\boldsymbol{v}(-\boldsymbol{k})$,所以分布在 $\boldsymbol{k}$ 状态和 $-\boldsymbol{k}$ 状态的电子对电流的贡献相互抵消($\boldsymbol{j}=-ne\boldsymbol{v}$)。因此,电子的运动并不能形成宏观电流。

对于满带,外场作用下,尽管存在电子波矢状态的变化,但电子的运动不改变布里渊区的电子分布,因此不产生宏观电流(见图 5-17)。对于部分填充的能带,外场作用下,电子波矢状态的变化改变了布里渊区的电子分布,电子沿电场反方向运动,逆电场方向的电子增多,产生了宏观电流(见图 5-18)。

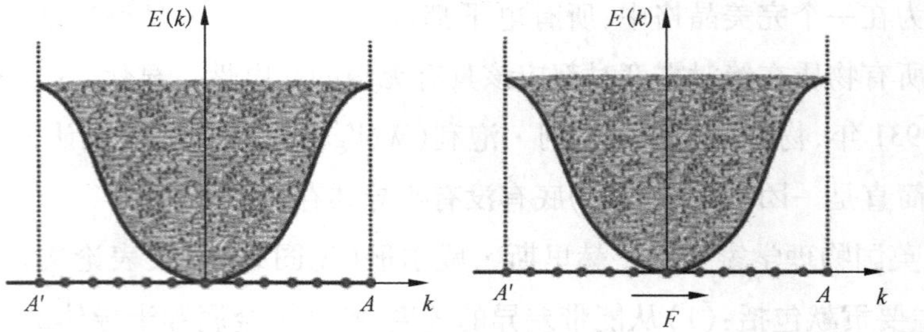

图 5-17　满带在无电场和电场作用下电子状态的分布情况

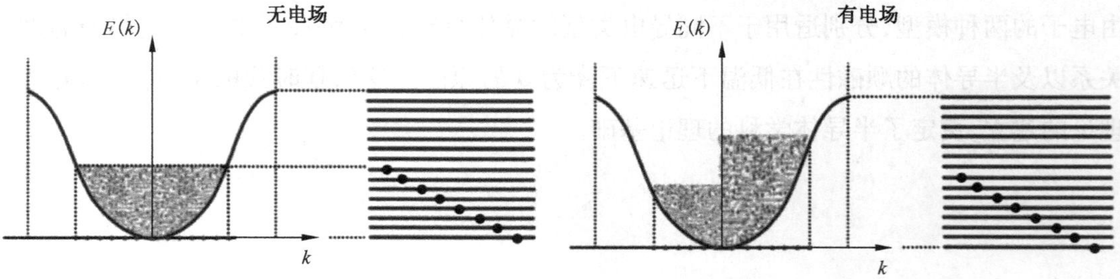

图 5-18　部分填充能带在无电场和电场作用下电子状态的分布情况

5.6.2　导体、半导体和绝缘体

在介绍导体、半导体和绝缘体前，首先引入能带中的几个概念。

空带：没有任何电子占据（填充）的能带。

导带：未满的带，或最下面的一个空带。

价带：导带以下第一个满带，或最上面的一个满带。

根据能带类型，就可判断晶体的导电类型。当原子结合成晶体时，内层电子数量很大，但由于形成的是满带，因此，并不参与导电，只需要考虑外层电子的能带填充情况即可。

当原胞中含有奇数个电子时，必有不满的带，形成的晶体应该是导体（见图 5-19）。例如单价金属 Li、Na、K、Cu、Ag、Au 等，只能填充半个能带，表现出典型的导体特征。还有一种情况，尽管原胞中含有偶数个电子，但是，导带和价带出现了重叠，导致导电和价带均为部分填充的情况，因此仍为导体。图 5-20 给出了典型导体 Al 和 Ag 的能带图。

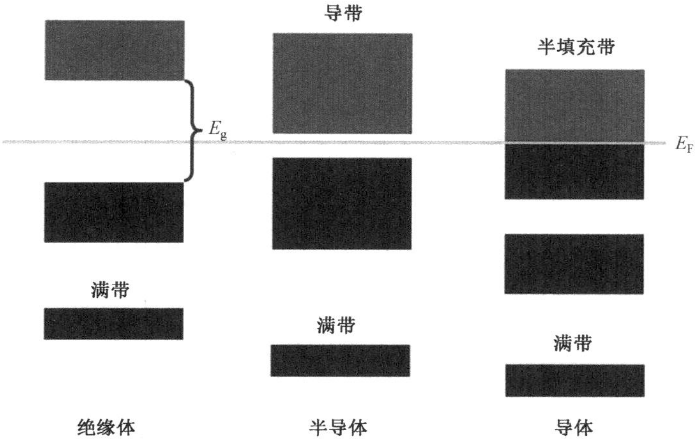

图 5-19　绝缘体、半导体和导体电子填充能带情况示意图

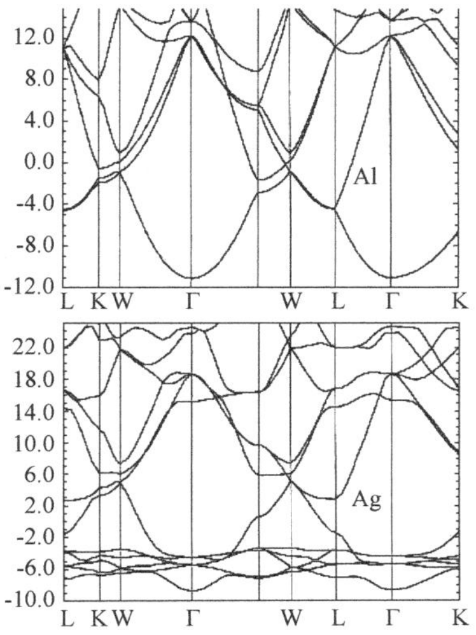

图 5-20　Al 和 Ag 的能带图

绝缘体与半导体的能带填充情况类似，均存在明显的禁带，差别仅在于禁带宽度 E_g 的不同。半导体的 E_g 一般在 3 eV 以下，而绝缘体的 E_g 一般在 3 eV 以上（见图 5-21），二者没有严格的界限。例如，4 价的金刚石和 Si 表现出相似的能带填充情况，但金刚石的 E_g 达到 5.4 eV，表现出绝缘体的导电特征。而 Si 的 E_g 为 1.12 eV，表现出半导体的导电特征。在半导体中，当导带底部和价带顶部位于同一个 k 位置时，称之为直接带隙半导体（见图 5-22）。在载流子复合过程中，可将多余的能量转化成光子（见图 5-23），这种半导体可以应用在发光领域，例如 GaN，GaAs 等。而当导带底部和价带顶部在不同 k 位置时，称之为间接带隙半导体。典型的半导体 Si 和 Ge 均为间接带隙半导体（见图 5-24）。在载流子复合过程中，能量释放并不是以辐射能的形式迅速释放出来的，而是先以吸收或散射声子的形式通过晶格传递到别的地方才将光子释放出来。这种发光机制被称为非辐射复合，是间接带隙半导体发光的主要机制。在间接带隙半导体中，电能量释放是相对较慢的，因此它们的发光性能并不像直接带隙半导体那样高效。这种半导体的晶体结构比较复杂，制备和集成较为困难，因此应用范围相对较窄。

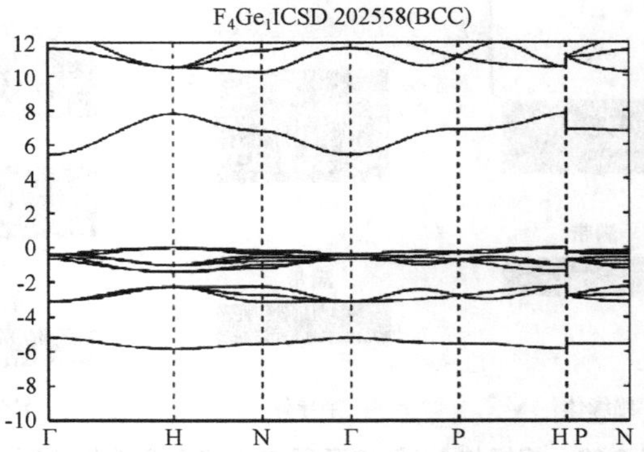

图 5-21　典型绝缘体的能带结构

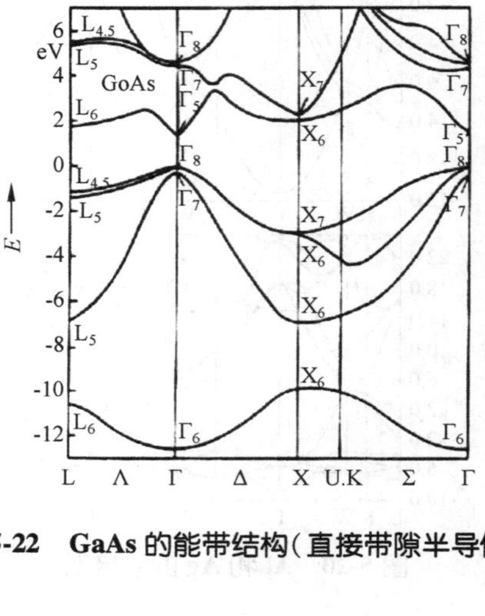

图 5-22　GaAs 的能带结构（直接带隙半导体）

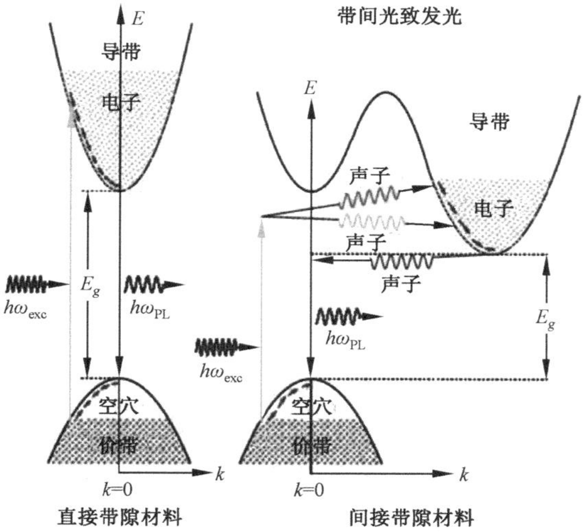

图 5-23 直接带隙和间接带隙半导体发光机制示意图

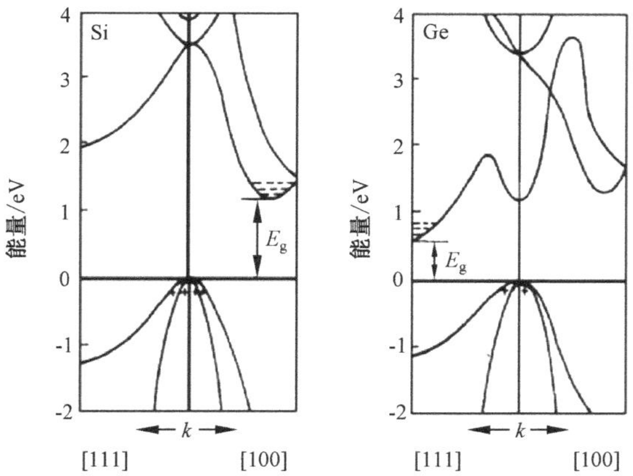

图 5-24 Si 和 Ge 的能带结构(间接带隙半导体)

在一定条件下,材料的导电性质可以发生变化。例如,当材料的晶体结构保持不变,但原子间距发生缩小,会导致能带宽度变大,从而使导带和价带发生重叠,导致材料导电性质发生改变,这种转变统称为金属-绝缘体转变,也称为 Wilson 转变。例如在高压下,Si、Ge、GaAS、GaP、ZnS 和 CdS 均可以转变为导体。

5.6.3 空穴

只有不满的能带才有导电的功能,其电流的载流子自然是电子。但当一个能带中的空状态极少而大量状态被电子占据时,我们称这些空状态为空穴。为描述这种近满带的导电性质,通常不用大量电子而用空穴,这种描述使得问题大大简化。

设想在价带顶部失去一个电子(近满带),此时引起的电流密度为 $\boldsymbol{j}(\boldsymbol{k})$。$\boldsymbol{j}(\boldsymbol{k})$ 和这个电子的电流密度之和为 0,即

$$j(k)+[-qv(k)]=0$$

这样,就可得到

$$j(k)=qv(k)$$

此时,近满带的行为相当于一个正电荷载流子的作用。引入空穴的概念。在价带顶部,电子的有效质量 $m_e^*<0$,定义空穴的有效质量 $m_h^*=-m_e^*$,则 $m_h^*>0$。当一些半导体的导电机构以空穴为主时,可表现出正的霍尔系数。

【习题】

1. 电子在周期势场中的势能函数为

$$V(x)=\begin{cases}0, na<x\leqslant(n+1)a-d\\ V_0, (n+1)a-d<x\leqslant(n+1)a\end{cases}$$

其中,$a=2d$。

(1) 画出势能曲线,并求其平均值。

(2) 用近自由电子近似模型,求出晶体的第一个以及第二个禁带的宽度。

2. 写出一维近自由电子近似,第 n 个能带($n=1,2,3$)中,简约波数 $k=\dfrac{\pi}{2a}$的零级波函数。

3. 试通过紧束缚近似推导面心立方结构和体心立方结构的 s 层电子能带。

4. 证明:在能带极值附近,能级可表示为 $E(k)=E(0)+\dfrac{\hbar^2k_1^2}{2m_1^*}+\dfrac{\hbar^2k_2^2}{2m_2^*}+\dfrac{\hbar^2k_3^2}{2m_3^*}$($k$ 沿主轴方向)。

5. 设有一维晶体的电子能带可以表示为 $E(k)=\dfrac{\hbar^2}{ma^2}\left(\dfrac{7}{8}-\cos ka+\dfrac{1}{8}\cos 2ka\right)$,其中 a 为晶格常数,试求:

(1) 电子在波矢 k 状态的速度。

(2) 能带底部和能带顶部的波矢量及能带宽度。

(3) 能带底部和顶部的有效质量。

6. 已知简单立方(晶格常数为 a)的 s 态波函数形成的能带可表示为 $E^s(k)=E(0)-2J_1(\cos k_xa+\cos k_ya+\cos k_za)$。

(1) 画出沿 Σ 轴的能级(见图 5-25)。

(2) 画出沿 Σ 轴电子运动的速度图。

(3) 试求沿 Σ 轴电子的有效质量。

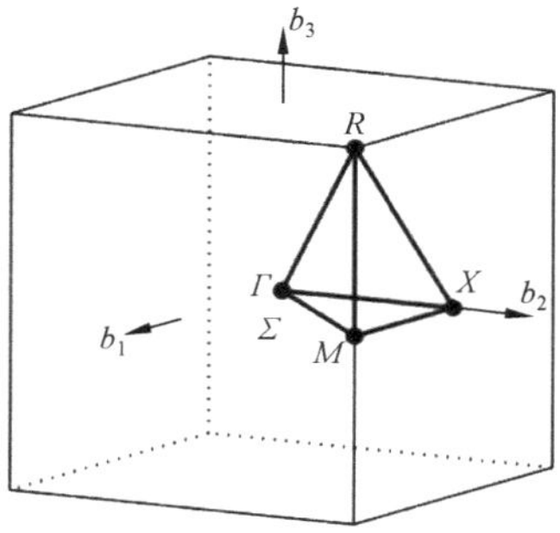

图 5-25　简单立方的布里渊区